Chandan Deep Singh
Rajdeep Singh
Harleen Kaur

Avaliação crítica da implementação do ERP na indústria transformadora

Chandan Deep Singh
Rajdeep Singh
Harleen Kaur

Avaliação crítica da implementação do ERP na indústria transformadora

ScienciaScripts

Imprint

Any brand names and product names mentioned in this book are subject to trademark, brand or patent protection and are trademarks or registered trademarks of their respective holders. The use of brand names, product names, common names, trade names, product descriptions etc. even without a particular marking in this work is in no way to be construed to mean that such names may be regarded as unrestricted in respect of trademark and brand protection legislation and could thus be used by anyone.

Cover image: www.ingimage.com

This book is a translation from the original published under ISBN 978-620-2-05425-6.

Publisher:
Sciencia Scripts
is a trademark of
Dodo Books Indian Ocean Ltd. and OmniScriptum S.R.L publishing group

120 High Road, East Finchley, London, N2 9ED, United Kingdom
Str. Armeneasca 28/1, office 1, Chisinau MD-2012, Republic of Moldova, Europe
Printed at: see last page
ISBN: 978-620-7-66817-5

ÍNDICE DE CONTEÚDOS:

CAPÍTULO 1

INTRODUÇÃO

1.1 PLANEAMENTO DE RECURSOS EMPRESARIAIS

O ERP é o processo de integração de todas as funções empresariais e o processo de aumentar drasticamente a produtividade e os lucros das indústrias, para além de outros benefícios abundantes. É especialmente importante para as indústrias que estão "intimamente ligadas" aos seus fornecedores e clientes e que utilizam o intercâmbio eletrónico de dados (EDI) para processar eletronicamente as transacções de vendas. Por conseguinte, a implementação do ERP é excecionalmente benéfica para empresas como as fábricas que produzem produtos em massa com poucas alterações. Os sistemas ERP têm recebido muita atenção ultimamente devido ao seu potencial para uma tomada de decisões mais eficaz. Muitas empresas estão a implementar pacotes ERP como forma de reduzir os custos operacionais, aumentar a produtividade e melhorar os serviços ao cliente. Ironicamente, este mesmo sistema ERP pode paralisar uma empresa, se não for implementado corretamente. Um sistema de planeamento de recursos empresariais (ERP) é um pacote de software empresarial que permite a uma empresa gerir a utilização eficiente e eficaz dos recursos (materiais, recursos humanos, financeiros, etc.), fornecendo uma solução total e integrada para as necessidades de processamento de informação da organização. Suporta uma visão da empresa orientada para os processos, bem como processos empresariais normalizados em toda a empresa. Entre os atributos mais importantes do ERP estão as suas capacidades de:

Automatizar e integrar os processos empresariais de uma organização;

- Partilhar dados e práticas comuns em toda a empresa; e
- Produzir e aceder a informações num ambiente em tempo real [27].

O Planeamento de Recursos Empresariais (ERP) é um sistema de gestão de recursos, informações e actividades de toda a empresa, necessário para concluir processos empresariais, tais como a satisfação de encomendas ou a faturação. Os sistemas ERP podem abranger uma vasta gama de funções e integrá-las numa base de dados unificada. Por exemplo, funções como Vendas e Distribuição, Contagem e Cálculo de Custos Financeiros, Gestão de Materiais, Recursos Humanos, Planeamento da Produção, Base eram todas aplicações de software autónomas, Quase todas as organizações estão a voltar-se para algum tipo de empresa para algum pacote de planeamento de recursos empresariais como uma solução para os seus problemas de gestão da informação. Mas muitas empresas falham neste domínio devido a um produto errado, a uma implementação incompetente e aleatória e a uma utilização ineficaz ou ineficiente. Este estudo é realizado numa empresa que se dedica à investigação agrícola e biotecnológica e ao fabrico de produtos para ajudar e contribuir largamente para a comunidade de agricultores no aumento da sua produtividade ano após ano, mantendo a fertilidade do solo [20]. O planeamento de recursos empresariais (ERP) é uma ferramenta que ajuda as empresas a reduzir custos e a melhorar a eficiência através da integração de processos empresariais e da partilha de recursos comuns numa organização. Os sistemas ERP institucionalizam a partilha de recursos, exigindo a consolidação de plataformas informáticas diversas e descentralizadas, modelos de dados e processos funcionais, a fim de melhorar a eficiência operacional.

Os sistemas ERP são grandes, complexos e muitas vezes exigem mudanças fundamentais na forma como as organizações executam os processos. Podem também afetar a tomada de decisões organizacionais subjacentes aos processos. Existem provas de que o ERP permite que as organizações obtenham benefícios de apoio à decisão, tais como um melhor processamento do conhecimento, uma maior fiabilidade na tomada de decisões e uma melhor capacidade de reunir provas empresariais para apoiar as decisões tomadas. Além disso, os gestores acreditam que é importante que os sistemas ERP forneçam apoio à decisão para decisões mais rápidas, custos mais baixos de tomada de decisão e melhor capacidade de gerir grandes quantidades de conhecimento. No entanto, para que tal aconteça, é necessário incorporar num sistema ERP os conhecimentos organizacionais adequados, de modo a que o sistema disponha de uma estrutura de conhecimentos subjacente suficiente para obter este apoio.

Os conhecimentos provenientes de uma diversidade de perspectivas e experiências devem ser partilhados e incorporados durante a implementação do ERP. Os sistemas de planeamento de recursos empresariais ou sistemas empresariais são sistemas de software para a gestão empresarial, englobando módulos de apoio a áreas funcionais como o planeamento, o fabrico, as vendas, o marketing, a distribuição, a contabilidade, a gestão financeira, a gestão de recursos humanos, a gestão de projectos, a gestão de inventários, os serviços e a manutenção, os transportes e o comércio eletrónico. Os sistemas ERP podem ser executados numa variedade de configurações de hardware e de rede, utilizando normalmente uma base de dados como repositório de informação.

Características:

Os sistemas ERP (Enterprise Resource Planning) incluem normalmente as seguintes características

- Um sistema integrado que funciona em tempo real (ou quase em tempo real), sem depender de actualizações periódicas.
- Uma base de dados comum, que suporta todas as aplicações.
- Um aspeto e uma sensação consistentes em cada módulo.
- Instalação do sistema sem uma integração elaborada da aplicação/dados pelo departamento de Tecnologias da Informação (TI).

Finanças/Contabilidade

Contabilidade geral, contas a pagar, gestão de tesouraria, activos fixos, contas a receber, orçamentação, consolidação.

Recursos humanos

salários, formação, benefícios, 401K, recrutamento, gestão da diversidade.

Fabrico

Engenharia, lista de materiais, ordens de trabalho, programação, capacidade, gestão do fluxo de trabalho, controlo de qualidade, gestão de custos, processo de fabrico, projectos de fabrico, fluxo de fabrico, cálculo de custos baseado em actividades, gestão do ciclo de vida do produto.

Gestão da cadeia de abastecimento

Order to cash, inventário, entrada de encomendas, compras, configuração de produtos, planeamento da cadeia de abastecimento, programação de fornecedores, inspeção de mercadorias, processamento de reclamações, comissões.

Gestão de projectos

Cálculo de custos, faturação, tempo e despesas, unidades de desempenho, gestão de actividades.

Gestão das relações com os clientes

Vendas e marketing, comissões, serviços, contacto com o cliente, apoio ao call center.

Serviços de dados

Várias interfaces "self-service" para clientes, fornecedores e/ou empregados.

Controlo de acesso

Gestão dos privilégios dos utilizadores para vários processos.

Benefícios do ERP:

De acordo com a literatura, as implementações de sistemas ERP criam os seguintes benefícios para as empresas

- **melhora o desempenho da empresa**
- elimina processos manuais ineficientes
- fornece ferramentas e processos integrados e comuns a toda a empresa
- reduz os custos, melhorando a eficiência da empresa através da informatização, incluindo melhorias na logística, programação da produção, serviço ao cliente e capacidade de resposta ao cliente
- proporciona visibilidade dos dados a nível de toda a empresa, relatórios e apoio à decisão
- contém a capacidade de gerir a empresa alargada de fornecedores, alianças e clientes como um todo integrado

Razões que levaram as empresas multinacionais a adotar o ERP: Inicialmente, em meados e finais da década de 1990, a conformidade com o Y2K foi uma das principais preocupações de muitas empresas, bem como o desejo de substituir os sistemas existentes e de má qualidade. No entanto, as principais razões que levam as empresas a optar pelo ERP estão relacionadas com a melhoria do desempenho das empresas e da tomada de decisões, a redução dos custos laborais, da burocracia e dos erros. Outras razões são: pressão por parte da concorrência, requisitos dos parceiros comerciais que pretendem receber um serviço mais rápido, integração entre unidades, normalização organizacional em diferentes locais e globalização das empresas. As aquisições e fusões entre as unidades estão a forçar as empresas a mudar e a funcionar como um sistema único. No entanto, para cada empresa, as motivações para a implementação do ERP são diferentes e a sua ordem de prioridade depende da **natureza dos projectos. O'Leary (2000) agrupou as razões em quatro tipos de categorias:** tecnologia, práticas comerciais, estratégia e competitividade. Holland et al (1999) reconheceram três dimensões principais: técnica, operacional e estratégica. Alguns estudos reduzem as razões a grupos mais amplos: desempenho tecnológico e empresarial. Com base na literatura, as principais razões que causaram um rápido crescimento na utilização de sistemas ERP podem ser resumidas da seguinte forma:

- **Técnica**
- a necessidade de uma plataforma comum e a substituição de um sistema informático existente Infra-estruturas.
- uma incompatibilidade de vários sistemas de informação.

- **Operacional**
- melhoria dos processos.
- visibilidade dos dados.
- redução dos custos de exploração.
- **Estratégico**
- Conformidade com o Y2K.
- globalização dos negócios.
- o crescimento de uma empresa e a concentração na normalização dos processos.
- a consideração de uma empresa para reengenharia dos seus processos de negócio.
- melhorar a capacidade de reação dos clientes.
- necessidade de eficiência e integração entre as unidades e os processos.
- **melhorar o desempenho e a tomada de decisões da empresa.**

1.2 ANTECEDENTES DA ERP

Os Sistemas Empresariais (SE), também designados por Sistemas de Planeamento de Recursos Empresariais (ERP), contam-se entre as tecnologias de informação empresarial mais importantes que surgiram na última década. Embora os sistemas empresariais de dois sectores não sejam iguais, o conceito básico dos sistemas empresariais centra-se principalmente na normalização, sincronização e melhoria da eficiência. O ERP é basicamente o sucessor do planeamento de recursos materiais (MRP) e dos sistemas de contabilidade integrados, tais como folhas de pagamento, razão geral e faturação. As vantagens dos sistemas empresariais são muito significativas: coordenação de processos e informações, redução dos custos de transporte, diminuição do tempo de ciclo e melhoria da capacidade de resposta às necessidades dos clientes (Davenport 2000; Elarbi 2001).

Tradicionalmente, a indústria da construção tem sido confrontada com o problema de conseguir e manter os projectos dentro do prazo, do orçamento e com a qualidade especificada pelo proprietário e/ou arquiteto/engenheiro (A/E). Embora a indústria da construção seja um dos maiores contribuintes para a economia, é considerada uma das indústrias mais fragmentadas, ineficientes e geograficamente dispersas do mundo. Recentemente, um número significativo de grandes empresas de construção embarcou na implementação de soluções integradas de TI, como os sistemas empresariais, para melhor se integrar nas suas várias funções empresariais, particularmente as relacionadas com os procedimentos e práticas contabilísticas. No entanto, estes sistemas integrados na construção apresentam um conjunto de desafios únicos, diferentes dos que se colocam na indústria transformadora ou noutras indústrias do sector dos serviços. Cada projeto de construção é caracterizado por um conjunto único de condições do local, uma equipa de desempenho única e a natureza temporária das relações entre os participantes no projeto. Isto significa que uma organização empresarial do sector da construção necessita de uma personalização extensiva das aplicações empresariais pré-integradas dos fornecedores de ERP. Infelizmente, uma personalização tão extensa pode levar uma empresa de construção ao fracasso da implementação do ERP. Com base em vários **comentários de consultores, a melhor maneira de** obter todos os benefícios dos sistemas ERP é fazer alterações mínimas no software. Por estas razões, é obrigatório encontrar a melhor estratégia de implementação de Sistemas

Empresariais integrados para maximizar os benefícios de tais soluções de TI integradas nas empresas de construção. Os sistemas modernos de planeamento dos recursos empresariais (ERP) têm as suas raízes nos sistemas de planeamento das necessidades de materiais (MRP I), que foram introduzidos na década de 1960. Os sistemas MRP I são sistemas informáticos de controlo de inventário e de gestão dos calendários de produção. À medida que os dados provenientes do chão de fábrica, do armazém ou do centro de distribuição começaram a afetar mais áreas da empresa, a necessidade de distribuir esses dados por toda a empresa exigiu que as bases de dados de outras áreas de negócio se interligassem com o sistema MRP I. No entanto, os sistemas MRP I tinham limitações quanto a esta funcionalidade, o que levou ao desenvolvimento de sistemas de Planeamento de Recursos Fabris (MRP II), que agora deram lugar ao ERP.

Os sistemas MRP II podem avaliar todo o ambiente de produção e criar ou ajustar os planos principais com base no feedback das condições actuais de produção e compra. Por último, empresas como a SAP, a Oracle e outras estão a colher os frutos de um crescimento dramático à medida que as empresas se afastam dos sistemas MRP II antigos e iniciam o processo de implementação de ERP. A maioria dos fornecedores de ERP sugeriu que a melhor forma de obter todos os benefícios do seu software era implementar os seus pacotes de software com alterações mínimas. Contudo, atualmente, em vez de implementar um pacote ERP completo, muitas empresas adoptaram uma abordagem do tipo "best-of-breed", em que são seleccionados pacotes de software separados para cada processo ou função. Por esta razão, independentemente da abordagem de implementação acordada, qualquer sistema empresarial integrado no qual todas as funções empresariais necessárias são reunidas para a empresa é considerado o sistema ERP neste estudo. Todos os aspectos da gestão na era moderna dependem do desenvolvimento e da utilização de sistemas de informação de gestão. O desenvolvimento e a utilização de Sistemas de Informação de Gestão (SIG) é um fenómeno moderno que diz respeito à utilização de informação adequada que conduzirá a um melhor planeamento, a uma melhor tomada de decisões e a melhores resultados. Este artigo explica as ideias de sistemas de informação em geral e, em seguida, centra-se no Planeamento de Recursos Empresariais (ERP) como o sistema de informação mais sofisticado e nos seus problemas, implementação e factores críticos de sucesso para a implementação do ERP. Um sistema de informação utiliza os recursos de pessoas, hardware, software, dados e redes para realizar actividades de entrada, processamento, saída, armazenamento e controlo. O MRP consiste num conjunto de procedimentos que convertem a procura prevista de um produto manufaturado num plano de necessidades para os componentes, subconjuntos e matérias-primas que compõem esse produto. O MRP limita-se a controlar o fluxo de componentes e materiais e não se presta a um controlo e coordenação mais completos da produção.

A próxima geração de software de fabrico, conhecida como MRP II, foi desenvolvida para colmatar esta lacuna e para integrar ainda mais as actividades comerciais num quadro comum. O MRP II divide o problema do controlo da produção numa hierarquia baseada na escala temporal e na agregação de produtos. Coordena o processo de fabrico, permitindo associar uma série de tarefas, como o planeamento da capacidade, a gestão da procura, a programação da produção e a distribuição. No entanto, mesmo o MRP II é essencialmente uma ferramenta especializada concebida para servir as necessidades da função de fabrico numa empresa. Os seus dados e processos não estão integrados com os do resto da empresa, tais como marketing, finanças e recursos humanos. O ERP entrou em cena para facilitar a partilha e integração de informações entre estas diferentes funções e para operar a empresa de forma mais eficiente e eficaz, utilizando um armazenamento de dados unificado e processos consistentes.

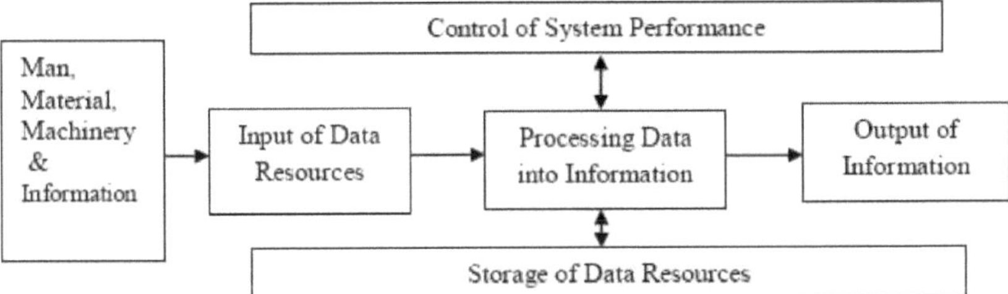

O sistema ERP reflecte uma nova fase na informação das organizações, integrando vários novos processos de negócio dentro e entre elas. Tornou-se um substituto para os antigos sistemas legados e os muitos esforços de integração entre eles que existiam. Com o tempo, tornou-se também uma ferramenta de integração com fornecedores e clientes, bem como uma fonte de vantagem competitiva.

Um sistema ERP proporciona igualmente uma visão global da organização com base em dados em tempo real, fornecendo assim aos gestores dados actualizados que os ajudam na tomada de decisões. O cenário da investigação sobre ERP tem sido inundado por relatórios e artigos que afirmam que a maioria das implementações não conseguiu obter os benefícios desejados.

As razões foram muitas: prazos demasiado curtos, requisitos não suficientemente especificados, métricas incompatíveis utilizadas, falta de comunicação entre consultores e representantes da organização, resistência dos utilizadores ou simplesmente o facto de o sistema ERP escolhido não se adequar à organização. Por conseguinte, os investigadores têm-se ocupado recentemente em investigar a forma como todas estas armadilhas podem ser evitadas, enumerando os factores críticos de sucesso, especificando as métricas a utilizar ou fornecendo um quadro mais amplo, explicando em que consiste realmente uma implementação Os sistemas de planeamento de recursos empresariais são pacotes de software altamente integrados, sistemas complexos para empresas, e milhares de empresas estão a utilizá-los com sucesso em todo o mundo.

O desenvolvimento de pacotes de software de planeamento de recursos empresariais durante a última década transformou **o mercado de software empresarial num dos** segmentos mais quentes e voláteis **da indústria.** As implementações de ERP são empreendimentos complexos. Os pacotes de Planeamento de Recursos Empresariais transformaram a forma como as organizações lidam com o processo de fornecimento de sistemas de informação.

Em vez de criarem localmente cada novo sistema de informação, as organizações podem instalar pacotes bem integrados, de origem internacional, que procuram fornecer as melhores práticas dos sistemas de TI de todo o mundo. Os sistemas ERP ajudam a gerir os processos empresariais de toda a empresa, utilizando uma base de dados comum e ferramentas de informação de gestão partilhadas. Os sistemas ERP apoiam o funcionamento eficiente dos processos empresariais através da integração das actividades empresariais, incluindo as vendas, o marketing, o fabrico, a contabilidade e o pessoal.

1.3 A EVOLUÇÃO PARA A ERP

O sistema de Planeamento das Necessidades de Materiais (MRP, ou MRP-I) foi lançado em meados da década de 1960 e rapidamente se tornou popular por fornecer um método lógico e facilmente compreensível para determinar o número de peças, componentes e materiais necessários para a montagem de cada item final na produção. Com o aumento da potência dos computadores e da procura de aplicações informáticas, os sistemas MRP evoluíram de forma a considerar outros recursos para além dos materiais. Foram adicionados módulos de software para incluir funções como programação, controlo de inventário, finanças, contabilidade e contas a pagar. O sistema MRP-I é um sistema informático de gestão das existências e dos calendários de produção. Esta abordagem à gestão de materiais aplica-se a situações de grande dimensão em que muitos produtos são fabricados em lotes periódicos em várias fases de processamento (Bed worth e Bailey, 1987). Os sistemas MRP e Push são frequentemente utilizados de forma indistinta. Conceptualmente, o MRP pode ser visto como um método para o planeamento eficaz de todos os recursos de uma organização de produção (Russell e Taylor, 1998). De acordo com Daft **(1991), o MRP pode ser definido como um** "sistema de planeamento e controlo de inventário **dependente** da procura que programa o calendário exato para calcular as necessidades de material e determinar quando libertar a **ordem de reposição de** material" (Torkzadeh e Sharma, 1991). Assim, para efeitos do presente documento, o MRP pode ser definido como um sistema de planeamento, programação e controlo baseado em computador que fornece à gestão uma ferramenta para planear e controlar as suas actividades de fabrico e operações de apoio, obtendo um nível mais elevado de serviço ao cliente e reduzindo simultaneamente os custos de todos os materiais necessários para apoiar o **produto** final desejado". "É uma técnica de ordenação de inventário e de programação faseada, que utiliza listas de materiais, dados de inventário e o mestre de produção.

Na década de 1960, os sistemas de produção centravam-se no controlo das existências. As empresas podiam dar-se **ao luxo de manter um grande volume de existências "just-in-case"** para satisfazer a procura dos clientes com base nos conceitos tradicionais de existências e continuar a ser competitivas. Consequentemente, as técnicas da altura centravam-se na forma mais eficiente de gerir grandes volumes de inventário. A maioria dos pacotes de software (geralmente personalizados) foi concebida.

Na década de 1970, tornou-se cada vez mais claro que as empresas já não se podiam dar ao luxo de manter grandes quantidades de stocks. Isto levou à introdução de sistemas de planeamento das necessidades de materiais. O MRP representou um enorme passo em frente no processo de planeamento de materiais. Pela primeira vez, utilizando um plano mestre de produção, apoiado por ficheiros de listas de materiais que identificavam os materiais específicos necessários para produzir cada artigo acabado, um computador podia ser utilizado para calcular as necessidades brutas de materiais. Utilizando ficheiros de registo de inventário precisos, a quantidade disponível de materiais disponíveis ou programados para chegar podia então ser utilizada para determinar as necessidades líquidas de material. Esta informação era então utilizada para realizar uma atividade como a colocação de uma encomenda, o cancelamento de uma encomenda existente ou a modificação do calendário das encomendas existentes. Pela primeira vez na indústria transformadora, existia um mecanismo formal para manter as prioridades válidas num ambiente de produção em mudança. A capacidade do sistema de planeamento para programar sistemática e eficientemente todas as peças foi um enorme passo em frente para a produtividade e qualidade. No entanto, na indústria transformadora, as prioridades de produção e o planeamento de materiais são apenas parte do problema. O planeamento da capacidade representa um desafio igual. Em resposta, foram acrescentadas técnicas de planeamento da capacidade às capacidades básicas do sistema MRP. Foram desenvolvidas ferramentas para apoiar o planeamento das vendas agregadas e dos níveis de produção (planeamento de vendas e operações), o desenvolvimento do programa de construção específico (plano mestre de produção), a previsão, o planeamento de vendas e a promessa de encomendas dos clientes (gestão da procura) e a análise de recursos de alto nível (planeamento global da capacidade). As técnicas de programação para o chão de fábrica e a programação dos fornecedores foram incorporadas nos sistemas MRP. Quando isto aconteceu, os utilizadores começaram a considerar os seus sistemas como sistemas para toda a empresa. Estes desenvolvimentos deram origem à fase evolutiva seguinte, que ficou conhecida como ciclo fechado. Na década de 1960, a maioria das organizações concebeu, desenvolveu e implementou sistemas informáticos centralizados, automatizando sobretudo os seus sistemas de controlo de inventário através de pacotes de controlo de inventário (CI). Estes eram sistemas antigos baseados em linguagens de programação como COBOL, ALGOL e FORTRAN.

Os sistemas de planeamento das necessidades de materiais (MRP) foram desenvolvidos na década de 1970 e envolviam principalmente o planeamento das necessidades de produtos ou peças de acordo com o plano mestre de produção. Seguindo esta via, foram introduzidos na década de 1980 novos sistemas de software designados por planeamento dos recursos de produção (MRP II), com ênfase na otimização dos processos de produção através da sincronização dos materiais com as necessidades de produção. O MRP II incluía áreas como a gestão do chão de fábrica e da distribuição, a gestão de projectos, as finanças, os recursos humanos e a engenharia. Os sistemas ERP apareceram pela primeira vez no final da década de 1980 e no início da década de 1990, com o poder de coordenação e integração interfuncional a nível de toda a empresa. Com base nos fundamentos tecnológicos do MRP e do MRP II, os sistemas ERP integram processos empresariais, incluindo fabrico, distribuição, contabilidade, finanças, gestão de recursos humanos, gestão de projectos, gestão de existências, serviços e manutenção e transportes, proporcionando acessibilidade, visibilidade e coerência em toda a empresa. Durante a década de 1990, os fornecedores de ERP acrescentaram mais módulos e funções como "add-ons" aos módulos principais, dando origem aos "ERPs alargados". Estas extensões de ERP incluem o planeamento e programação avançados (APS), soluções de cibernegócio como a gestão das relações com os clientes (CRM) e a gestão da cadeia de abastecimento (SCM).

Em 1990, o Gartner Group utilizou pela primeira vez o acrónimo ERP como uma extensão do planeamento das necessidades de materiais (MRP), mais tarde planeamento dos recursos de produção e produção integrada por computador. Sem suplantar estes termos, ERP passou a representar um todo mais vasto, reflectindo a evolução da integração de aplicações para além do fabrico. Nem todos os pacotes ERP foram desenvolvidos a partir de um núcleo de fabrico. Os fornecedores começaram, de forma variada, pela contabilidade, manutenção e recursos humanos. Em meados da década de 1990, os sistemas ERP abrangiam todas as funções essenciais de uma empresa. Para além das empresas, os governos e as organizações sem fins lucrativos começaram também a utilizar sistemas ERP. As muitas características dos sistemas ERP aumentaram consideravelmente a quantidade e a qualidade da informação fornecida às empresas, ajudando-as a obter eficiência nos seus processos de gestão. Ao longo dos anos, muito se tem aprendido sobre o sucesso dos sistemas ERP. Vários investigadores demonstraram que o ERP forneceu um enorme apoio ao planeamento empresarial e aos objectivos organizacionais. O ERP aplica um conjunto único de ferramentas de planeamento de recursos em toda a empresa, fornece integração em tempo real de dados de vendas, operacionais e financeiros e liga as abordagens de planeamento de recursos à cadeia de abastecimento alargada de clientes e fornecedores. O ERP é uma extensão do MRP II com capacidades adicionais, tais como uma melhor interface gráfica com o utilizador, a utilização de uma base de dados relacional, a quarta geração de linguagem, a portabilidade de sistemas abertos e é muito mais integrado do que o MRPII (Boyle, 2000). Além disso, Kapp et al. (2001) afirmam que as diferenças entre o ERP e o MRP II residem na inclusão de uma variedade de processos de fabrico no ERP, em que o software ERP moderno é capaz de tratar ordens de trabalho discretas e ordens de fluxo, Just-In-Time (JIT) e MRP, Electronic Data Interchange (EDI) e ordens introduzidas manualmente. Wainewright (2002) afirmou ainda que a MRP era utilizada para o controlo dos fornecedores, dos trabalhos em curso e da produção de produtos acabados, ao passo que o ERP era utilizado para todo o tipo de empresas, com funções adicionais que incluíam a gestão financeira, dos salários e dos recursos humanos. De acordo com Wallace e Kremzar (2001)

O ERP é muito melhor do que o MRP II por três razões:
1. O ERP aplica um conjunto único de ferramentas de planeamento de recursos em toda a empresa,
2. Fornece integração em tempo real de dados de vendas, operacionais e financeiros, e
3. O ERP liga as abordagens de planeamento de recursos à cadeia de abastecimento alargada de clientes e fornecedores.

De facto, o ERP está a tornar-se a espinha dorsal do negócio eletrónico para as organizações que efectuam transacções comerciais em linha através da Internet. As soluções baseadas na Internet destinam-se a melhorar a satisfação do cliente, aumentar as oportunidades de marketing e vendas, expandir os canais de distribuição e fornecer métodos de faturação e pagamento mais rentáveis. A extensão à SCM e ao CRM permite relações comerciais tripartidas eficazes entre a organização, os fornecedores e os clientes. A gestão da cadeia de abastecimento tem sub-módulos para a aquisição de materiais, a transformação dos materiais em produtos e a distribuição dos produtos aos clientes. "Uma gestão bem **sucedida da cadeia de abastecimento permite a uma empresa antecipar** a procura e entregar o produto certo no local certo, no momento certo e ao menor custo possível para satisfazer os seus clientes.

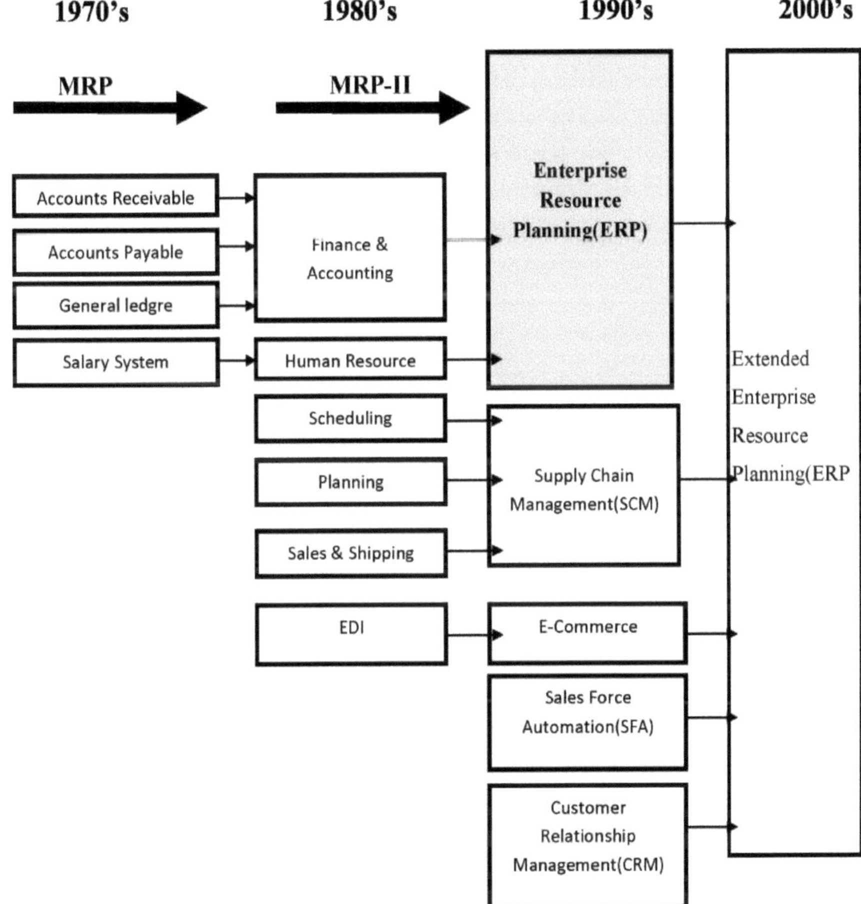

Fig 1.2 Evolução do ERP

O crescimento sem precedentes das tecnologias da informação e da comunicação (TIC), impulsionado pela microeletrónica, pelo hardware informático e pelos sistemas de software, influenciou todas as facetas das aplicações informáticas nas organizações. Simultaneamente, o ambiente empresarial está a tornar-se cada vez mais complexo, com unidades funcionais que exigem cada vez mais fluxos de dados interfuncionais para a tomada de decisões, a aquisição atempada e eficiente de peças de produtos, a gestão de existências, a contabilidade, os recursos humanos e a distribuição de bens e serviços. Neste contexto, a gestão das organizações necessita de sistemas de informação eficientes para melhorar a competitividade através da redução de custos e de uma melhor logística. É universalmente reconhecido pelas grandes e pequenas e médias empresas (PME) que a capacidade de fornecer a informação certa no momento certo traz enormes recompensas às organizações num mundo globalmente competitivo de práticas comerciais complexas.

A partir do final da década de 1980 e do início da década de 1990, surgiram no mercado novos sistemas de software conhecidos na indústria como sistemas de planeamento de recursos empresariais (ERP), destinados principalmente a grandes organizações empresariais complexas. Estes sistemas complexos, dispendiosos, potentes e proprietários são soluções prontas a utilizar que exigem que os consultores os adaptem e implementem com base nas necessidades da empresa. Em muitos casos, obrigam as empresas a reestruturar os seus processos de negócio para se adaptarem à lógica dos módulos de software, a fim de racionalizar o fluxo de dados em toda a organização. Estas soluções de software, ao contrário dos antigos e tradicionais sistemas específicos da empresa concebidos internamente, são pacotes comerciais integrados com vários módulos que podem ser adaptados e acrescentados "add-ons" sempre que necessário. O crescimento fenomenal da capacidade de computação e da Internet está a colocar cada vez mais desafios aos fornecedores de ERP e aos clientes no sentido de redesenharem os produtos ERP, quebrando a barreira da propriedade e da personalização e adoptando a colaboração empresarial através da intranet, da extranet e da Internet de uma forma sem descontinuidades. Os fornecedores já prometem muitos módulos "add-on", alguns dos quais já estão no mercado como sinal de aceitação destes desafios pelos fornecedores de ERP. Trata-se de um processo interminável de reengenharia e desenvolvimento que traz novos produtos e soluções para o mercado de ERP. Os fornecedores e clientes de ERP reconheceram a necessidade de pacotes que sigam uma arquitetura aberta, forneçam módulos intercambiáveis e permitam uma fácil personalização e interface com o utilizador

Na década de 1980, as empresas começaram a tirar partido do aumento do poder e da acessibilidade da tecnologia disponível e conseguiram associar o movimento das existências à atividade financeira coincidente. Os sistemas de planeamento dos recursos de produção evoluíram para incorporar o sistema de contabilidade financeira e o sistema de gestão financeira juntamente com os sistemas de gestão da produção e dos materiais. Isto permitiu às empresas disporem de um sistema empresarial mais integrado que derivava os requisitos de material e de capacidade associados a um plano de operações desejado, permitia a introdução de actividades pormenorizadas, traduzia tudo isto numa demonstração financeira e sugeria uma linha de ação para resolver os itens que não estavam em equilíbrio com o plano desejado.

No início da década de 1990, as melhorias contínuas na tecnologia permitiram que o MRP II fosse expandido para incorporar todo o planeamento de recursos para toda a empresa. Áreas como a conceção de produtos, o armazenamento de informações, o planeamento de materiais, o planeamento da capacidade, os sistemas de comunicação, os recursos humanos, as finanças e a gestão de projectos podiam agora ser incluídas no plano. Assim, foi criado o termo ERP. E o ERP pode ser utilizado não só em empresas de produção, mas em qualquer empresa que pretenda aumentar a competitividade através da utilização mais eficaz de todos os seus activos, incluindo a informação.

Não é de surpreender que as organizações empresariais tenham vindo a bater à porta dos programadores de sistemas empresariais. Um projeto ERP bem sucedido pode reduzir os custos operacionais, gerar previsões de procura mais precisas, acelerar os ciclos de produção e melhorar significativamente o serviço ao cliente - tudo isto pode poupar milhões de dólares a uma empresa a longo prazo. Na Toro Co., o ERP, juntamente com novos métodos de armazenamento e distribuição, resultou numa poupança anual de 10 milhões de dólares devido à redução do inventário. A Owens Corning afirma que o software ERP ajudou-a a poupar 50 milhões de dólares em logística, gestão de materiais e aprovisionamento. O ERP também resultou numa redução do inventário porque os planeadores de gestão de materiais tiveram acesso a dados mais precisos - como a quantidade de inventário já existente - e puderam fazer um melhor trabalho de previsão da procura futura. Os sistemas ERP conduziram também a uma melhor gestão de tesouraria, a uma redução das necessidades de pessoal e a uma redução dos custos globais das tecnologias da informação, graças à eliminação de informações redundantes e de sistemas informáticos.

Em 1997, foram gastos 10 mil milhões de dólares na aquisição de sistemas ERP. Este valor aumenta significativamente quando se incluem as despesas com consultores associados. Um inquérito da APICS de 1999 indicou que um quarto dos membros considerou ou planeou adquirir um novo sistema ERP ou atualizar o seu antigo sistema ERP no ano 2000. Este número subiu para 34,5% entre as empresas com receitas anuais de mil milhões de dólares ou mais. A AMR Research, sediada em Boston, previu que o mercado de ERP cresceria a uma taxa anual de 32% até 2003. A AMR concluiu que o ímpeto para esta procura crescente seria o desejo dos fabricantes de estabelecerem um melhor controlo sobre as suas cadeias de fornecimento. É evidente que o abrandamento económico registado em 2001 atenuou esta procura prevista. No entanto, à medida que a economia recupera, a procura de sistemas ERP deverá voltar a aumentar drasticamente.

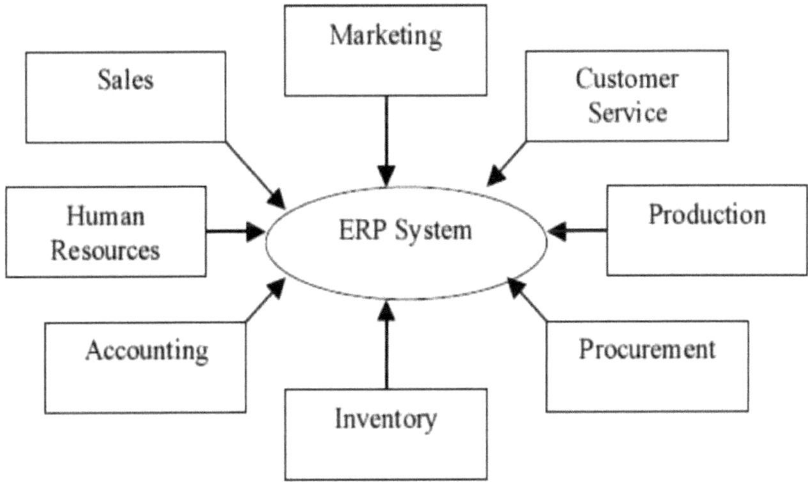

Fig 1.3 departamentos e sistema erp

1.4 MUDANÇAS NO AMBIENTE DE FABRICO QUE INCULCAM ERP:

1.4.1 Antes do sistema ERP

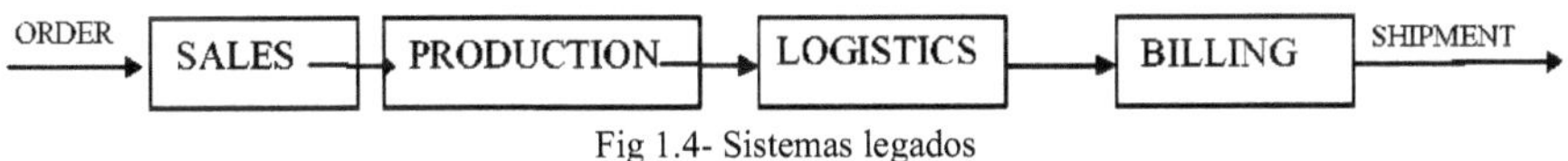

Fig 1.4- Sistemas legados

Antes dos sistemas ERP, os vários departamentos funcionavam de forma isolada e tinham o seu próprio sistema de recolha e análise de dados. Assim, a informação que é criada ou gerada pelos vários departamentos. O resultado é que, em vez de conduzir a organização para um objetivo comum, os vários departamentos tendem a puxá-la em direcções diferentes, parecendo que um departamento não sabe o que o outro faz. Por vezes, os objectivos dos departamentos são contraditórios, por exemplo, os responsáveis pelas vendas e pelo marketing podem querer uma maior variedade de produtos para satisfazer as diferentes necessidades dos clientes, ao passo que o departamento de produção quererá limitar a variedade de produtos para reduzir os custos de produção.

1.4.2 APÓS SISTEMAS ERP

Um sistema empresarial simplifica os fluxos de dados de uma empresa e fornece à gestão acesso direto a uma grande quantidade de informações operacionais em tempo real. Para muitas empresas, estes benefícios traduziram-se em ganhos dramáticos de produtividade e rapidez. O ERP prevê e equilibra a procura e a oferta. Trata-se de um conjunto de ferramentas de previsão, planeamento e programação, que abrange toda a empresa:

- Liga clientes e fornecedores numa cadeia de abastecimento completa
- Utiliza processos comprovados para a tomada de decisões
- Coordena as vendas, o marketing, as operações, a logística, as compras, as finanças, o desenvolvimento de produtos e os recursos humanos.

As empresas investiram recursos consideráveis na implementação de sistemas de planeamento de recursos empresariais (ERP). Os resultados inicialmente esperados raramente foram alcançados. A otimização (ou utilização eficiente) destes sistemas de informação é hoje em dia um fator importante para as empresas que procuram atingir os seus objectivos de desempenho (Vale'rie Botta Genoulaz, Pierre-Alain Millet, 2005). A reação dos utilizadores de ERP pode ser diferente da de outros tipos de utilizadores de TI devido à complexidade do ERP. A utilização de sistemas ERP implica familiaridade tanto com as funções do ERP como com o domínio do problema da aplicação, uma vez que o ERP se refere a sistemas de software comerciais que têm por objetivo fornecer as melhores práticas que podem ser integradas nos processos empresariais (Liang et al., 2007).

O sucesso da implementação do ERP (fase inicial do ERP) não conduz necessariamente ao sucesso da pós-implementação do ERP, uma vez que os utilizadores do ERP não têm total vontade de determinar se utilizam os sistemas ERP na fase inicial, enquanto a decisão de continuar a utilizar o ERP e a forma como se adaptam às características distintivas do ERP nem sempre são obrigatórias (Shih-Wei Chou, Pi-Yu Chen, 2009). As indústrias que não utilizam sistemas como o ERP podem dar por si a utilizar vários pacotes de software que podem não funcionar bem uns com os outros (Michael Krigsman, 2010).

Um aspeto que distingue os sistemas ERP dos sistemas desenvolvidos "tradicionalmente" é o facto de virem com uma espécie de molde de como os processos de uma empresa devem ser moldados. Em vez de criar um sistema completamente adaptado aos processos da empresa, um sistema ERP oferece um conjunto de processos que a organização deve seguir (Alexis Leon, 2009). Embora a principal função do sistema seja melhorar o fluxo de informação numa organização, é inevitável que os processos empresariais também sejam afectados (David Sammon, Frederic Adam, 2010). Com isto em mente, a implementação de um ERP significa frequentemente uma grande mudança na forma como uma empresa trabalha e abre novas formas de fazer negócios. De facto, a utilização de um ERP como uma solução para resolver problemas operacionais, tais como processos empresariais ineficazes, é frequentemente indicada como motivação para a implementação (Kees Boersma, Sytze Kingma, 2005), afirmando que, em todos os tipos de projectos que trazem mudanças a uma organização, a resistência dos funcionários é inevitável. Subsequentemente, isto também é verdade para as implementações de ERP, que se diz ser uma das principais razões para o fracasso com o ERP (Alexis Leon, 2009).

No centro de um sistema empresarial está uma base de dados central que extrai e alimenta dados para uma série de aplicações que suportam diversas funções da empresa. A utilização de uma única base de dados agiliza drasticamente o fluxo de informação em toda a empresa, permitindo obter informação operacional em tempo real. Para muitas empresas, estes benefícios traduziram-se em ganhos dramáticos de produtividade. Podem ser conseguidas poupanças drásticas na redução de stocks, nos custos de transporte e na redução da deterioração, fazendo corresponder a oferta à procura real. Com a implementação de um CRM, as organizações são capazes de reunir conhecimentos sobre os seus clientes, abrindo oportunidades para avaliar as necessidades, valores e custos dos clientes ao longo do ciclo de vida da empresa, para uma melhor compreensão e decisões de investimento. Os sub-módulos encontrados em pacotes típicos de CRM são marketing, vendas, serviço ao cliente e sistemas de apoio que utilizam a Internet e outros meios de acesso com a intenção de aumentar a fidelidade do cliente através de uma maior satisfação do cliente

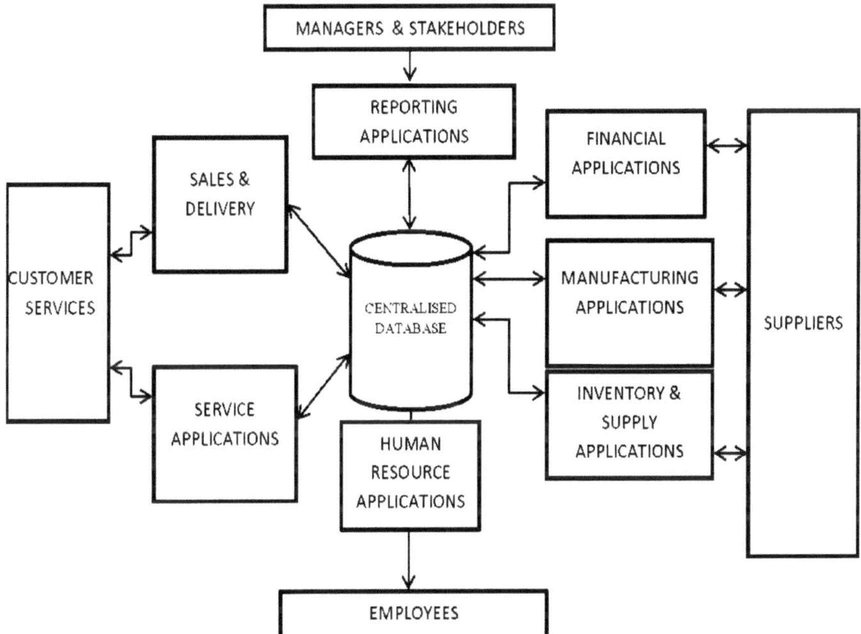

Fig 1.5-Anatomia de um sistema empresarial

1.5 QUESTÕES DE QUALIDADE EM ERP

As organizações cometeram frequentemente erros ao manterem os sistemas de informação existentes, quando esses sistemas já não eram geríveis ou rentáveis. No entanto, é necessário um investimento significativo para implementar um sistema de planeamento de recursos empresariais e a tecnologia de apoio necessária para se tornar mais competitivo e obter informações de controlo e integração a nível de toda a empresa.

Para as organizações que estão a pensar implementar um ERP, é essencial que as questões da qualidade sejam bem compreendidas. Assim, as organizações devem conhecer os factores críticos de sucesso essenciais para garantir a qualidade durante o processo de implementação. De acordo com a literatura sobre qualidade em geral, a QD é definida como dados que estão aptos a serem utilizados pelos consumidores de dados (Huang et al., 1999). Foram identificadas muitas dimensões de QD. As dimensões de QD geralmente identificadas são: exatidão, atualidade, exaustividade e consistência (Ballou e Pazer, 1982, 1985, 1987; Ballou et al., 1987, 1993). Foram identificadas quatro outras dimensões de QD que são também amplamente aceites: 1. intrínseca, 2. contextual, 3. acessibilidade, e 4. representacional.

As dimensões que foram identificadas por Ballou e Pazer (1982, 1985, 1987) e Ballou et al. (1987, 1993) serão adoptadas nesta investigação porque incluem as dimensões mais importantes que têm sido abordadas na literatura sobre sistemas de informação e têm sido razoavelmente aceites no domínio da DQ. Por conseguinte, nesta investigação, dados de qualidade significam dados exactos, oportunos, completos e consistentes. Embora os significados de dados e informação sejam diferentes, este estudo utiliza os termos QD e qualidade da informação como sinónimos. Para apoiar o processo empresarial e a tomada de decisões, é provável que o número de erros nos dados armazenados e o impacto organizacional desses erros aumentem (Klein, 1998). A investigação no domínio da informação demonstrou que dados inexactos e incompletos podem afetar negativamente o sucesso competitivo de uma organização (Redman, 1992). Uma informação de má qualidade pode ter impactos sociais e empresariais significativos (Strong et al., 1997). Por exemplo, *a NBC* News noticiou que "as pessoas mortas ainda comem!". Descobriu-se que, devido a informações desactualizadas nas bases de dados governamentais, os vales de alimentação continuavam a ser enviados aos beneficiários muito depois de estes terem morrido. As fraudes relacionadas com os senhas de alimentação custaram milhares de milhões de dólares aos contribuintes americanos. As empresas e a indústria têm frequentemente problemas de DQ semelhantes. Por exemplo, uma empresa financeira absorveu um prejuízo líquido de mais de 250 milhões de dólares quando as taxas de juro mudaram drasticamente, tudo porque a base de dados da empresa não tinha qualidade nem actualizações simples (Huang *et al.*, 1999). Para garantir a QD nos sistemas de informação, é importante compreender os factores subjacentes que influenciam a QD. Foram efectuados alguns estudos sobre os factores críticos de sucesso nos sistemas de informação e na gestão da qualidade, tais como a gestão da qualidade total (TQM) e o just-in-time (JIT). Alguma da literatura sobre QD também abordou os pontos e passos críticos para a QD.

1.6 FACTORES CRÍTICOS DE SUCESSO EM ERP

O sistema de planeamento de recursos empresariais é um termo genérico para um vasto conjunto de actividades apoiadas por software de aplicação multi-módulos que ajuda as organizações a gerir os seus recursos. O sistema ERP demonstrou ser capaz de proporcionar melhorias significativas em termos de eficiência, produtividade e qualidade dos serviços, e de conduzir a uma redução dos custos dos serviços, bem como a uma tomada de decisões mais eficaz.

Factores críticos para uma implementação bem sucedida do ERP:

1. Compreensão clara dos objectivos estratégicos.
2. Compromisso da direção de topo.

3. Gestão da mudança organizacional.

4. Excelente gestão de projectos.

5. Uma grande equipa de implementação.

6. Exatidão dos dados.

7. Educação e formação alargadas.

8. Medidas de desempenho específicas

9. Problemas com vários locais

A formação é um dos factores críticos de sucesso (FCS) mais citados nos projectos de implementação de sistemas de gestão empresarial (ERP) (Bancroft et al. 1998, De Bruin 1997, Gibson e Mann 1998, Sumner 1999, Kale 2000). A fim de obter benefícios significativos dos sistemas ERP, é necessária uma quantidade considerável de formação (Wortmann 1998). Deve existir um plano de formação que tenha em consideração tanto o pessoal técnico como os utilizadores finais, sendo o seu âmbito dependente do tipo de abordagem de implementação selecionada. Alguns estudos de casos de implementações de ERP mostraram a importância de uma formação efectiva a todos os níveis (por exemplo, Bancroft et al. 1998, Miller 1999, Kale 2000). No entanto, pouco foi feito em relação à gestão e à operacionalização das métricas de formação.

Normalmente, as métricas propostas nas metodologias de implementação do ERP estão relacionadas com as etapas e os custos. Algumas organizações utilizam uma abordagem de formação interna, enquanto outras preferem recorrer a consultores de formação externos (Esteves e Pastor 2000). De acordo com Esteves e Pastor (2002), as actividades de formação numa implementação SAP estão no ranking das actividades mais críticas. Koch (1996) mencionou que "sem uma formação adequada, cerca de 30 a 40% dos trabalhadores da linha da frente não serão capazes de lidar com as exigências do novo sistema". Por conseguinte, os sistemas ERP são complexos e exigem uma formação rigorosa. Como afirmam Bingi et al. (1999): "é difícil para os formadores ou consultores transmitir os conhecimentos aos trabalhadores num curto espaço de tempo".

Do ponto de vista da gestão do projeto, uma atividade de avaliação da formação pode parecer um complemento, um luxo, outro elemento dispendioso de um projeto que consome recursos. Ao contrário da monitorização da formação, que se centra nos aspectos técnicos da prestação da formação e no controlo das variáveis planeadas. Segundo Goldstein (1993), "a maioria das organizações não recolhe a informação necessária para determinar a utilidade dos seus próprios programas de formação". Pensamos que o mesmo acontece no caso dos projectos de implementação de ERP, especialmente quando os gestores estão apenas preocupados com os custos da formação em vez de medirem a sua eficácia. Um dos benefícios mais importantes da avaliação da formação é que "pode servir como uma técnica de diagnóstico para permitir a revisão dos programas de forma a ir ao encontro de um grande número de metas e objectivos" (Mann e Robertson 1996). Outros benefícios obtidos através da avaliação da formação afectam a tomada de decisões, especialmente porque as avaliações podem ajudar a decidir entre programas de formação alternativos e a decidir quem deve participar em programas futuros (Mann e Robertson 1996). Alguns dos principais argumentos para uma melhor avaliação da formação são: validar a formação como uma ferramenta empresarial, justificar os custos incorridos com a formação, ajudar a melhorar a conceção da formação e ajudar na seleção dos métodos de formação.

Este estudo de investigação procura fornecer um conjunto de métricas para controlar e monitorizar a formação em projectos de implementação de ERP, a fim de ajudar os gestores a obterem sucesso nos seus projectos. De acordo com Jurison (1999), o objetivo do controlo de projectos é: "manter o projeto no rumo certo e o mais próximo possível do plano, identificar problemas antes que eles aconteçam e implementar planos de recuperação antes que sejam causados danos irrecuperáveis". Sandoe et al. (2001) salientaram que "dispor de medidas comerciais e de projeto para mostrar o progresso pode ser o impulso que mantém o projeto no caminho certo em momentos críticos e mantém o projeto motivado para cumprir os prazos".

Como resultado deste estudo, estamos interessados num conjunto de métricas para ajudar os gestores a compreender a situação do projeto ERP. Utilizámos o método Metas/Questões/Métricas (GQM) para desenvolver este conjunto de métricas. O resultado da aplicação deste método é um plano GQM. O plano GQM é um documento que contém os objectivos, questões e métricas para um programa de medição (Solingen e Berghout 1999).

Factores críticos para uma implementação bem sucedida do ERP:

A implementação de um sistema ERP não é um empreendimento barato ou isento de riscos. De facto, 65% dos executivos acreditam que os sistemas ERP têm pelo menos uma hipótese moderada de prejudicar as suas empresas devido aos potenciais problemas de implementação. Por conseguinte, vale a pena examinar os factores que, em grande medida, determinam se a implementação será bem sucedida. Vários autores identificaram uma série de factores que podem ser considerados críticos para o êxito de uma implementação ERP. Os mais proeminentes são descritos a seguir.

Compreensão clara dos objectivos estratégicos: As implementações de ERP exigem que as pessoas-chave em toda a organização criem uma visão clara e convincente da forma como a empresa deve funcionar para satisfazer os clientes, capacitar os funcionários e facilitar os fornecedores nos próximos três a cinco anos. Também deve haver definições claras de objectivos, expectativas e resultados. Por último, a organização deve definir cuidadosamente a razão pela qual o sistema ERP está a ser implementado e quais as necessidades críticas da empresa que o sistema irá satisfazer.

Empenho da gestão de topo: As implementações bem sucedidas requerem uma forte liderança, empenhamento e participação da gestão de topo. Uma vez que o contributo dos executivos é fundamental quando se analisam e repensam os processos empresariais existentes, o projeto de implementação deve ter um comité de planeamento da gestão executiva que esteja empenhado na integração da empresa, compreenda o ERP, apoie plenamente os custos, exija retorno e defenda o projeto. Além disso, o projeto deve ser liderado por um defensor do projeto de nível executivo altamente respeitado.

Excelente gestão de projectos: Uma implementação bem sucedida do ERP requer que a organização se empenhe numa excelente gestão de projectos. Isto inclui uma definição clara dos objectivos, o desenvolvimento de um plano de trabalho e de um plano de recursos, e um acompanhamento cuidadoso do progresso do projeto. O plano do projeto deve estabelecer calendários agressivos, mas exequíveis, que incutam e mantenham um sentido de urgência. Uma definição clara dos objectivos do projeto e um plano claro ajudarão a organização a evitar o tão comum "scope creep" que pode sobrecarregar o orçamento do ERP, comprometer o progresso do projeto e complicar a implementação. O âmbito do projeto deve ser claramente definido no início do projeto e deve identificar os módulos seleccionados para implementação, bem como os processos empresariais afectados. Se a administração decidir implementar um pacote ERP padronizado sem grandes modificações, isso minimizará a necessidade de personalizar o código ERP básico. Isto, por sua vez, reduzirá a complexidade do projeto e ajudará a manter a implementação dentro do prazo.

Gestão da mudança organizacional: A estrutura e os processos organizacionais existentes na maioria das empresas não são compatíveis com a estrutura, as ferramentas e os tipos de informação fornecidos pelos sistemas ERP. Mesmo o sistema ERP mais flexível impõe a sua própria lógica à estratégia, organização e cultura de uma empresa. Assim, a implementação de um sistema ERP pode forçar a reengenharia de processos chave da empresa e/ou o desenvolvimento de novos processos de negócio para apoiar os objectivos da organização. E os processos redesenhados requerem um realinhamento correspondente no controlo organizacional para sustentar a eficácia dos esforços de reengenharia. Este realinhamento tem normalmente impacto na maioria das áreas funcionais e em muitos sistemas sociais da organização. As mudanças resultantes podem afetar significativamente as estruturas organizacionais, as políticas, os processos e os colaboradores. Infelizmente, muitos directores executivos encaram o ERP como um simples sistema de software e a sua implementação como um desafio tecnológico. Eles não entendem que o ERP pode mudar fundamentalmente a forma como a organização opera. Esta é uma das questões problemáticas que os actuais sistemas ERP enfrentam. O objetivo final deve ser a melhoria da empresa e não a implementação de software. A implementação deve ser orientada para a cmprcsa c para os rcquisitos da mesma e não para o departamento de TI.

É evidente que as implementações de ERP podem desencadear mudanças profundas na cultura da empresa. Se as pessoas não estiverem devidamente preparadas para as mudanças iminentes, então a negação, a resistência e o caos serão consequências previsíveis das mudanças criadas pela implementação. No entanto, se forem utilizadas técnicas adequadas de gestão da mudança, a empresa deverá estar preparada para abraçar as oportunidades proporcionadas pelo novo sistema ERP e o ERP disponibilizará mais informação e tornará possíveis mais melhorias do que inicialmente parecia possível. A organização deve ser suficientemente flexível para tirar o máximo partido destas oportunidades.

Uma grande equipa de implementação: As equipas de implementação do ERP devem ser compostas por pessoas de alto nível, escolhidas pelas suas competências, realizações anteriores, reputação e flexibilidade. A estas pessoas deve ser confiada a responsabilidade pela tomada de decisões críticas. A administração deve comunicar constantemente com a equipa, mas deve também permitir a tomada de decisões rápidas e com poderes.

Exatidão dos dados: A exatidão dos dados é absolutamente necessária para que um sistema ERP funcione corretamente. Devido à natureza integrada do ERP, se alguém introduzir dados errados, o erro pode ter um efeito dominó negativo em toda a empresa. Por conseguinte, a formação dos utilizadores sobre a importância da exatidão dos dados e dos procedimentos correctos de introdução de dados deve ser uma prioridade máxima na implementação de um ERP. Os sistemas ERP também exigem que todos na organização trabalhem dentro do sistema e não à volta dele. Os colaboradores devem estar convencidos de que a empresa está empenhada em utilizar o novo sistema, que irá efetuar a transição total para o novo sistema e que não permitirá a continuação da utilização do sistema antigo. Para reforçar este compromisso, todos os sistemas antigos e informais devem ser eliminados. Se a organização continuar a utilizar sistemas paralelos, alguns empregados continuarão a utilizar os sistemas antigos.

Educação e formação alargadas: A educação/formação é provavelmente o fator crítico de sucesso mais reconhecido, porque a compreensão e a adesão do utilizador são essenciais. A implementação do ERP requer uma massa crítica de conhecimentos que permita às pessoas resolverem problemas no âmbito do sistema. Se os funcionários não compreenderem o funcionamento de um sistema, inventarão os seus próprios processos utilizando as partes do sistema que conseguem manipular. Os utilizadores finais não podem usufruir de todas as vantagens do ERP se utilizarem corretamente o novo sistema. Para que a formação dos utilizadores finais seja bem sucedida, esta deve começar cedo, de preferência muito antes do início da implementação. Muitas vezes, os executivos subestimam drasticamente o nível de educação e formação necessário para implementar um sistema ERP, bem como os custos associados. A gestão de topo deve estar totalmente empenhada em despender verbas adequadas para a educação e formação dos utilizadores finais e incorporá-las no orçamento do ERP. Foi sugerido que reservar 10-15% do orçamento total de implementação do ERP para formação dará a uma organização 80% de hipóteses de sucesso na implementação.

Medidas de desempenho específicas: As medidas de desempenho que avaliam o impacto do novo sistema devem ser cuidadosamente elaboradas. Naturalmente, as medidas devem indicar como o sistema está a funcionar. Mas as medidas também devem ser concebidas de forma a encorajar os comportamentos desejados por todas as funções e indivíduos. Essas medidas podem incluir entregas dentro do prazo, margem de lucro bruto, tempo entre a encomenda e a expedição do cliente, rotação de stocks, desempenho do fornecedor, etc. As medidas de avaliação do projeto devem ser incluídas desde o início. Se a implementação do sistema não estiver ligada à compensação, não será bem sucedida. Por exemplo, se todos os gestores receberem os seus aumentos e bónus no próximo ano, mesmo que o sistema não seja implementado, é menos provável que a implementação seja bem sucedida. A administração, os fornecedores, a equipa de implementação e os utilizadores devem ter um entendimento claro do objetivo. Se alguém não for capaz de atingir os objectivos acordados, deve receber a assistência necessária ou ser substituído. Quando as equipas atingem os objectivos que lhes foram atribuídos, as recompensas devem ser apresentadas de forma bem visível. O projeto deve ser acompanhado de perto até que a implementação esteja concluída. O sistema deve ser permanentemente monitorizado e medido.

Os gestores e outros colaboradores partem frequentemente do princípio de que o desempenho começará a melhorar assim que o sistema ERP estiver operacional. Em vez disso, como o novo sistema é complexo e difícil de dominar, as organizações devem estar preparadas para a possibilidade de um declínio inicial na produtividade. medida que a familiaridade com o novo sistema aumenta, registar-se-ão melhorias. Assim, devem ser claramente comunicadas as expectativas realistas sobre o desempenho e os prazos.

Problemas com vários locais: As implementações em vários locais apresentam preocupações especiais. A forma como estas questões são abordadas pode desempenhar um papel importante no sucesso final da implementação do ERP. O grau desejado de autonomia de cada local pode ser uma questão crítica que depende de dois factores: (1) o grau de consistência dos processos e produtos entre os locais remotos e (2) a necessidade ou desejo de um controlo centralizado da informação, da configuração do sistema e da sua utilização. Um dos objectivos da implementação de um ERP pode ser o de aumentar o grau de controlo central através da implementação de processos normalizados. Alternativamente, a implementação pode ser efectuada para fornecer aos locais remotos capacidades que lhes permitam ajustar os seus processos às suas situações específicas. Numa implementação multi-site, uma abordagem faseada é geralmente considerada preferível. Isto deve-se em parte ao facto de o sucesso ou insucesso da primeira tentativa de implementação decidir frequentemente o destino de todo o projeto. Assim, a equipa de gestão pode ganhar ímpeto seleccionando um local piloto que tenha uma elevada probabilidade de sucesso. E se o ERP for instalado numa abordagem faseada - módulo a módulo, departamento a departamento ou fábrica a fábrica - as lições aprendidas nos primeiros locais podem facilitar as implementações em locais posteriores.

1.7 NECESSIDADE DO PRESENTE ESTUDO

O objetivo deste estudo é descrever e analisar os factores que contribuem para o êxito da implementação de um sistema ERP, os intervenientes no sistema ERP e a forma como estes intervenientes estão relacionados com os CSF (factores críticos de êxito) da implementação de um sistema ERP. Alguns dos investigadores que trabalham sobre o sucesso dos sistemas ERP abordaram as questões críticas, incluindo a justificação do projeto, os restos e os ajustes do processo ERP, para as indústrias que adoptaram os sistemas ERP.

CAPÍTULO 2
REVISÃO DA LITERATURA

2.1 Revisão da literatura relacionada

Neste tópico, a área de investigação é o ERP, no qual devem ser abordadas questões de qualidade e factores críticos de sucesso. A seguir, apresenta-se a literatura relacionada.

Hongjiang Xu et. al.[38] abordaram questões relacionadas com a qualidade dos dados. A qualidade dos dados é uma questão crítica durante a implementação de um sistema de planeamento de recursos empresariais (ERP). Os problemas de qualidade dos dados podem ter um impacto significativo no sistema de informação de uma organização. Por conseguinte, é essencial compreender os problemas de qualidade dos dados para garantir o êxito da implementação de sistemas ERP. O presente documento utiliza o SAP como exemplo de um sistema ERP e descreve um estudo que explora os problemas de qualidade dos dados nos sistemas existentes e identifica os factores críticos de sucesso com impacto na qualidade dos dados. Os resultados do estudo sugerem que a importância da qualidade dos dados deve ser amplamente compreendida aquando da implementação de um ERP, além de fornecer recomendações que podem ser úteis para os profissionais.

Liang Zhang, et. al.[41] analisou as questões relacionadas com a implementação do ERP, que têm sido objeto de grande atenção desde há duas décadas devido ao seu baixo sucesso de implementação. Cerca de 90% das implementações de ERP estão atrasadas ou ultrapassam o orçamento e a taxa de sucesso da implementação de ERP é de cerca de 33%. Este estudo procura estudar os factores críticos de sucesso que afectam o sucesso da implementação de sistemas de planeamento de recursos empresariais (ERP) na China, centrando-se em factores genéricos e únicos.

. A metodologia de inquérito e a técnica de modelação de equações estruturais do PLS-Graph são utilizadas para recolher e analisar os dados.

J. Umble et. al.[35] discutiram os sistemas de planeamento de recursos empresariais como sistemas de informação altamente complexos. A implementação destes sistemas é uma proposta difícil e de custo elevado que exige muito tempo e recursos das empresas. Muitas implementações de ERP foram classificadas como fracassos por não terem atingido os objectivos empresariais pré-determinados. Este artigo identifica os factores de sucesso, as etapas de seleção do software e os procedimentos de implementação críticos para uma implementação bem sucedida.

Al-Mashari et. al.[23] discutiram os factores críticos de sucesso no processo de implementação do planeamento de recursos empresariais. Os benefícios do ERP não podem ser plenamente realizados a menos que se estabeleça um forte mecanismo de alinhamento e reconciliação entre os imperativos técnicos e organizacionais com base nos princípios de orientação para os processos. Além disso, o estudo ilustra que as vantagens do ERP se realizam quando é estabelecida uma ligação estreita entre a abordagem de implementação e as medidas de desempenho do processo empresarial.

V. Botta-Genoulaz et. al.[7] constataram que, nas indústrias, as apostas no controlo dos sistemas integrados não se podem limitar às fases de implementação ou de implantação. Uma melhor utilização destes sistemas de informação conduz as indústrias a novas organizações e a uma adaptação contínua da estratégia da indústria.

Deve ajudar na reavaliação do posicionamento do ERP no sistema de informação para identificar melhorias relevantes numa dada situação.

T.R. Bhatti[6] discutiu A implementação de um projeto de sistema de Planeamento de Recursos Empresariais (ERP) é uma proposta difícil e de custo elevado, uma vez que exige muito do tempo e dos recursos da organização. Muitas organizações não obtêm sucesso nos seus projectos de implementação de ERP. Muito se tem escrito sobre a implementação e os factores críticos de sucesso dos projectos de implementação de ERP. No entanto, muito poucos estudos desenvolveram e testaram cientificamente constructos que representem factores críticos de sucesso de projectos de implementação de ERP.

Ike C. Ehie et. al.[11] discutiram a implementação de sistemas de planeamento de recursos empresariais (ERP) em organizações de várias dimensões. Este estudo apresenta os resultados de uma investigação empírica sobre as questões críticas que afectam uma implementação bem sucedida do ERP. Através do estudo, foram identificados oito factores que tentam explicar 86% das variações que afectam a implementação do ERP. Verificou-se uma forte correlação entre a implementação bem sucedida do ERP e seis dos oito factores identificados.

E.W.T. Ngai et. al.[28] abordaram os factores críticos de sucesso (FCS) na implementação do planeamento de recursos empresariais (ERP) em 10 países/regiões diferentes. Os resultados do estudo revelam que "sistemas comerciais e informáticos antigos adequados", "plano comercial/visão/objectivos/justificação", "reengenharia dos processos comerciais", "cultura e programa de gestão da mudança", "comunicação", "trabalho em equipa e composição do ERP", "acompanhamento e avaliação do desempenho", "defensor do projeto", "gestão do projeto", "desenvolvimento, ensaio e resolução de problemas de sofitware/sistema", "apoio da gestão de topo", "gestão de dados". Nestes 18 QCA, o "apoio da gestão de topo" e a "formação e ensino" foram os factores mais frequentemente citados como críticos para o êxito da aplicação de sistemas ERP.

Hany Abdelghaffar et. al.[1] mencionou Neste trabalho, adoptámos uma estrutura que abrange os factores nacionais e organizacionais para avaliar a influência destes CSF na implementação de sistemas ERP em grandes empresas no Egipto. Os resultados mostram que certos factores têm mais importância nestas organizações e que as suas influências variam na implementação bem sucedida do ERP. Além disso, verificou-se que o sucesso da implementação do ERP tem um impacto significativo na obtenção de vantagens competitivas para estas organizações afectadas pelos factores nacionais e organizacionais.

Pramod Kumar et. al.[19] discutiram as soluções ERP que estão a revolucionar a forma como as indústrias produzem bens e serviços. Os sistemas ERP trazem muitos benefícios para as indústrias, integrando firmemente vários departamentos da indústria. As práticas incorporadas no ERP permitem selecionar, tanto quanto possível, os funcionários certos para participarem no processo de implementação e a motivação é fundamental para o êxito da implementação. O sistema ERP permite que a informação mais actualizada seja partilhada entre as várias funções da empresa, o que resulta numa enorme poupança de custos e num aumento da eficiência.

Tan Shiang Yen et. al.[40] abordaram o planeamento dos recursos empresariais (ERP) como um vasto conjunto de actividades suportadas por um software de aplicação multi-módulos que ajuda os fabricantes ou outras empresas a gerir as suas actividades. Este artigo apresenta uma estrutura para classificar os desajustes do ERP em categorias lógicas que fornecem informações para a derivação de soluções. Posteriormente, os métodos de classificação são aplicados a um estudo de caso. Os profissionais podem utilizar o método de classificação de desajustes para derivar acções correspondentes como soluções para desajustes de ERP com base na sua natureza ou especificidade. Além disso, é explorada a contribuição teórica do problema de desajustamento do ERP para fornecer informações aos investigadores para determinar as teorias e os conceitos adequados que explicam este domínio.

M.N.Vijaya Kumar et. al.[20] discutiram O estudo de caso revela algumas das complexidades durante as fases de implementação e pós-implementação que podem ocorrer em qualquer empresa semelhante de pequena e média dimensão. Estas questões são analisadas com recurso a ferramentas de qualidade que são aplicáveis ao presente.

Fiona Fui-Hoon Nah et. al. [27] As dificuldades das implementações de ERP têm sido amplamente citadas na literatura, mas a investigação sobre os factores críticos para o sucesso inicial e contínuo da implementação de ERP é rara e fragmentada. Através de uma revisão exaustiva da literatura, 11 factores foram considerados críticos para o sucesso da implementação do ERP.

Sherry Finney et. al.[14] abordaram a exploração da atual base bibliográfica dos factores críticos de sucesso (FSC) das implementações de ERP, a preparação de uma compilação e a identificação de eventuais lacunas. É necessário centrar os futuros esforços de investigação no estudo dos FCS, tal como se aplicam às perspectivas das principais partes interessadas, e assegurar que esta abordagem das partes interessadas seja também abrangente na sua cobertura dos FCS. Além disso, é necessário efetuar uma investigação mais aprofundada sobre o conceito de gestão da mudança.

A. Rashid Mohammad et. al.[25] descrevem a posição de mercado e a estratégia geral dos principais fornecedores de sistemas na preparação para este impulso. O capítulo conclui que o crescimento e o sucesso da adoção e desenvolvimento de ERP no novo milénio dependerão da capacidade do sistema ERP antigo de se estender à Gestão das Relações com os Clientes (CRM), à Gestão da Cadeia de Abastecimento (SCM) e a outros módulos alargados, bem como da integração com as aplicações que utilizam a Internet.

Robert Plant et. al.[31] abordou O documento começa por examinar as percepções dos factores críticos de sucesso em diferentes fases do desenvolvimento do projeto em cada empresa. As conclusões incluem a mudança de ênfase, durante a implementação, do apoio da gestão de topo, metas e objectivos claros, juntamente com uma forte comunicação interdepartamental, considerados críticos no início do ciclo de vida do projeto, para uma convergência sobre: apoio da gestão de topo, competência da equipa de projeto e cooperação interdepartamental nas fases finais da implementação.

Fang An-ru et. al. [5] discutiram De acordo com as diferenças de desempenho do ERP, são identificadas quatro fases como "Paixão pela novidade", "Agitação", "Melhoria rápida" e "Melhoria estável e contínua". Os nossos resultados alargam os estudos anteriores sobre as fases do desempenho do ERP.

Peter Aiken et. al.[2] discutiram um "desafio de qualidade dos dados" associado à migração do DOD/DLA do SAMMS para o SAP, que evoluiu através de seis fases distintas. Foram documentadas poupanças e resultados tangíveis. Talvez mais úteis sejam as lições aprendidas ao longo dos vários anos do projeto, à medida que, coletivamente, fomos compreendendo melhor a natureza do problema e a sua importância.

Arun Madapusi et. al[24] abordou Neste estudo é desenvolvido um modelo para examinar o impacto dos formatos de apresentação da informação na relação entre a qualidade da informação e a qualidade da decisão num ambiente de planeamento de recursos empresariais (ERP).

José Manuel Esteves et. al.[13] abordaram os resultados deste inquérito, que mostram que o papel adequado de defensor do projeto é o do patrocinador do projeto; os inquiridos também consideram que tanto o gestor do projeto como o patrocinador do projeto são fundamentais para o êxito de um projeto de implementação de ERP e não apenas a figura do defensor do projeto.

Bernhard Wieder et. al.[36] discutiram O objetivo deste artigo é fornecer mais informações sobre a adoção de sistemas de planeamento de recursos empresariais (ERP) e os impactos no desempenho organizacional. O seu objetivo é contestar as afirmações dos vendedores de ERP no que diz respeito aos benefícios dos seus produtos e fornecer provas dos benefícios da combinação de ERPS com sistemas de gestão da cadeia de abastecimento.

Shahin Dezdar et. al.[12] abordou Este estudo visa identificar os factores tácticos que são cruciais para o êxito da implementação de sistemas ERP. Este estudo centra-se nos factores tácticos, nomeadamente, a comunicação a nível da empresa, a formação e educação dos utilizadores e o apoio do fornecedor de ERP.

Saad Ghaleb Yaseen et. al.[39] discussed Esta investigação examina os factores essenciais que permitem ou inibem o sucesso da implementação do ERP. Utiliza uma metodologia de estudo de casos para analisar estes factores em termos do desempenho organizacional de uma empresa e das capacidades e funções do ERP.

David Sammon et. al.[33] abordaram os problemas que as organizações enfrentam na implementação de um projeto de ERP para toda a empresa, que estão relacionados com o seu nível de compreensão do que está envolvido nesse empreendimento e como isso influencia os seus preparativos iniciais.

Pang-Lo Liu et. al.[22] abordou Este documento resume os QCAs para a introdução do ERP KM através de uma revisão da literatura e examina a influência destes QCAs no desempenho da gestão. É realizado um inquérito por questionário para recolher os dados relevantes e o SPSS 10.0 (software de estatística) é utilizado para análises estatísticas e de regressão múltipla.

Robert Jacobs et. al.[18] Nas últimas décadas, o termo "Planeamento de Recursos Empresariais" (ERP) passou a ter muitos significados. As aplicações divergentes por parte de profissionais e académicos, bem como por parte de investigadores em áreas de estudo alternativas, permitiram uma proliferação considerável de informações sobre o tema, mas também uma grande confusão quanto ao significado do termo. Ao analisar a investigação sobre ERP, surgem duas correntes de investigação distintas. A primeira centra-se nas capacidades empresariais fundamentais que impulsionam o ERP enquanto conceito estratégico. Uma segunda corrente centra-se nos pormenores associados à implementação de sistemas de informação e no seu sucesso e custo relativos. Este documento discute brevemente estas correntes de investigação e sugere algumas ideias para investigação futura relacionada.

Ayyub Ansarinejad et. al.[3] O planeamento de recursos empresariais (ERP) é um sistema de informação multifuncional de alto nível técnico que visa melhorar o desempenho e a competitividade da organização, racionalizando os processos empresariais e eliminando a duplicação de trabalho e de dados. Uma vez que os sistemas ERP têm muitas vantagens para a organização, a implementação do ERP não é simples e envolve riscos significativos.

Vincent A. Mabert et. al.[4] Este documento investiga empiricamente e identifica as principais diferenças entre as abordagens utilizadas pelas empresas que geriram as suas implementações dentro do prazo e/ou do orçamento e as que não o fizeram, utilizando dados recolhidos através de um inquérito a empresas transformadoras dos EUA que implementaram sistemas ERP.

Princely Ifinedo et. al.[17] O modelo alargado de sucesso do sistema ERP foi testado utilizando dados recolhidos num inquérito de campo transversal a 109 empresas em dois países europeus. A modelação de equações estruturais (SEM) foi utilizada para testar seis hipóteses relevantes. Os resultados do SEM mostraram que cinco das seis hipóteses têm associações significativas e positivas.

A Al-Mudimigh et. al.[26] Este documento propõe um quadro integrador para a implementação do ERP com base numa análise exaustiva dos factores e dos elementos essenciais que contribuem para o êxito no contexto da implementação do ERP.

Chuck C.H. Law et. al.[] examinaram as relações entre o sucesso da adoção de um sistema ERP, a extensão da melhoria do processo empresarial (BPI) e o desempenho organizacional e investigaram as associações entre os resultados destas iniciativas e factores organizacionais como a intenção estratégica, o apoio da gestão de topo e o estatuto da função de TI na empresa Mary C. Jones et. al.[9] abordaram Este é um estudo de caso multi-site de empresas que implementaram sistemas de planeamento de recursos empresariais (ERP). O estudo examina oito dimensões da cultura e o seu impacto na forma como as equipas de implementação de ERP são capazes de partilhar eficazmente conhecimentos entre diversas funções e perspectivas durante a implementação do ERP. Através da síntese dos dados, desenvolvemos uma configuração cultural que mostra as dimensões da cultura que melhor facilitam a partilha de conhecimentos na implementação do ERP.

Kees Boersma et. al.[8] discutiram Neste artigo, apresentamos um estudo de caso sobre a reestruturação de um sistema de planeamento de recursos empresariais (ERP) numa empresa transformadora, em particular a combinação do planeamento das necessidades de materiais (MRP) com um procedimento de gestão de materiais Just In Time (JIT) nas linhas de montagem.

Shih-Wei Chou et. al.[10] abordaram o tema Melhorar o desempenho dos sistemas ERP continua a ser uma questão importante. Este estudo examina o desempenho do ERP na fase de pós-implementação, nomeadamente na perspetiva da intervenção da gestão.

Ed O'Donnell et. al.[29] discutiram Este documento propõe um quadro de investigação para analisar a forma como as características de um sistema de informação afectam o processo de tomada de decisões. O quadro é sintetizado através da fusão de quadros da literatura sobre sistemas de informação contabilística (AIS) e da literatura sobre processamento de informação humana (HIP).

Malgorzata Plaza et. al.[30] discutiram Esta investigação oferece três grandes contribuições: um meio de selecionar uma estratégia de formação que minimize os custos de consultoria do projeto, um método analítico para prever com precisão a data de conclusão do projeto e uma base teórica para estudos empíricos sobre aprendizagem e implementações de ERP (e outras TI).

Jen-Her Wu et. al.[37] abordaram o tema Os sistemas de planeamento dos recursos empresariais (ERP) estão a tornar-se tecnologias maduras para apoiar os processos empresariais inter e intra-empresas, mesmo nas pequenas e médias empresas. No entanto, os sistemas ERP são complexos e dispendiosos, e a decisão de instalar um sistema ERP requer uma escolha de mecanismos para determinar se o ERP é necessário e, uma vez implementado, se é bem sucedido.

Chwen Sheua et. al.[34] discutiram Este estudo analisou várias questões críticas para o sucesso da implementação internacional do ERP. Utilizando tanto a investigação de casos como dados secundários, examinámos a implementação do ERP em várias empresas multinacionais nos EUA, Taiwan, China e Europa. O nosso principal objetivo era investigar as dimensões das diferenças nacionais e a forma como estas afectam as práticas de implementação do ERP entre nações.

Weiling Ke et. al.[21] Este artigo teoriza a forma como a liderança afecta a implementação do ERP ao promover a cultura organizacional desejada. Defendemos que o sucesso da implementação do ERP está positivamente relacionado com a cultura organizacional ao longo das dimensões de aprendizagem e desenvolvimento, tomada de decisão participativa, partilha de poder, apoio e colaboração, e tolerância ao risco e aos conflitos. Além disso, identificamos as acções estratégicas e tácticas que a gestão de topo pode tomar para influenciar a cultura organizacional e promover uma cultura conducente à implementação do ERP.

Kwasi Amoako-Gyampah et. al.[15] Este estudo analisa a influência que a utilidade percebida, o envolvimento do utilizador, o argumento para a mudança, a utilização anterior e a facilidade de utilização têm na intenção comportamental de utilizar um sistema ERP. Foi utilizado um inquérito por correio para recolher dados numa organização que estava a implementar um sistema ERP. Obteve-se um total de 571 respostas.

Amin Hakim et. al.[16] abordou Embora os sistemas ERP já tenham sido introduzidos há muitos anos e tenham sido implementados em diferentes organizações, ainda há empresas que hesitam em decidir estabelecer sistemas ERP na sua estrutura. Esta hesitação leva a que os projectos sejam em vão. Por outro lado, tendo em conta as organizações iranianas, compreende-se obviamente o desconhecimento destes sistemas, algo que decorre da falta de informação dos decisores e gestores relativamente à questão acima mencionada, juntamente com o sentimento de receio e inconveniência com esta nova tecnologia.

Alwabel S A et. al.[32] Todas as invenções técnicas são inicialmente concebidas e eventualmente aplicadas para resolver um problema do mundo real. A evolução do Enterprise Resource Planning (ERP) não é excepção. Devido ao seu sucesso bem organizado na integração eficaz de múltiplos sistemas de informação isolados e à sua capacidade de melhorar significativamente a eficiência das empresas, os sistemas ERP surgiram como o núcleo de uma gestão da informação bem sucedida e a espinha dorsal das organizações e do comércio eletrónico.

2.2 LACUNAS NA INVESTIGAÇÃO

1. A questão dos problemas de qualidade na implementação do ERP não foi abordada.
2. A análise das questões de qualidade e dos factores críticos de sucesso não foi tentada.

2.3 Objectivos do presente estudo

1. Inquérito para supervisionar e avaliar questões de qualidade e factores críticos de sucesso no funcionamento do ERP.
2. Análise dos dados recolhidos.

CAPÍTULO 3

ERP E OS SEUS FACTORES CRÍTICOS DE SUCESSO

3.1 Planeamento de recursos empresariais (ERP):

O ERP é o processo de integração de todas as funções empresariais e o processo de aumentar drasticamente a produtividade e os lucros das indústrias, para além de outros benefícios abundantes. É especialmente importante para as indústrias que **estão "intimamente ligadas" aos seus fornecedores e clientes e** que **utilizam o** intercâmbio eletrónico de dados (EDI) para processar eletronicamente as transacções de vendas. Por conseguinte, a implementação do ERP é excecionalmente benéfica para empresas como as fábricas que produzem produtos em massa com poucas alterações. Os sistemas ERP têm recebido muita atenção ultimamente devido ao seu potencial para uma tomada de decisões mais eficaz. Muitas empresas estão a implementar pacotes ERP como forma de reduzir os custos operacionais, aumentar a produtividade e melhorar os serviços ao cliente. Muitas organizações estão a implementar o Planeamento de Recursos Empresariais (ERP) para ajudar a racionalizar os processos empresariais internos da organização. São necessários muitos recursos para a implementação do sistema. O sistema ERP pode alterar o desempenho da empresa e dar-lhe uma vantagem sobre os seus concorrentes. As metas e os objectivos da implementação do ERP devem ser definidos antes da implementação. Algumas das metas e objectivos da indústria são a taxa de crescimento, o retorno dos investimentos (ROI), a informação pronta e a medição das operações. As organizações optam pelo ERP para aumentar a sua taxa de crescimento utilizando a tecnologia mais recente e novos procedimentos. Para obter o retorno dos investimentos ou ROI, a empresa precisa de atingir os objectivos dentro do prazo. A informação fornecida pelo ERP ajuda a gestão a tomar melhores decisões e acções.

O ERP é uma arquitetura de software que facilita o fluxo de informações entre as diferentes funções de uma empresa. Do mesmo modo, o ERP facilita a partilha de informações entre unidades organizacionais e localizações geográficas. Permite que os decisores tenham uma visão a nível de toda a empresa da informação de que necessitam, de forma atempada, fiável e consistente. O ERP constitui a espinha dorsal de um sistema de informação para toda a empresa. No centro deste software empresarial está uma base de dados central que extrai e alimenta dados para aplicações modulares que funcionam numa plataforma informática comum, normalizando assim os processos empresariais e as definições de dados num ambiente unificado. Com um sistema ERP, os dados só têm de ser introduzidos uma vez. O sistema proporciona consistência e visibilidade ou transparência em toda a empresa. Uma das principais vantagens do ERP é o acesso mais fácil a informações fiáveis e integradas. Uma vantagem conexa é a eliminação de dados redundantes e a racionalização dos processos, o que resulta numa redução substancial dos custos. A integração entre as funções empresariais facilita a comunicação e a partilha de informações, conduzindo a ganhos significativos de produtividade e rapidez. A Cisco Systems, por exemplo, aproveitou o ERP para a ajudar a tornar-se líder de mercado na **indústria global de redes. O sistema ERP da Cisco foi a espinha** dorsal que permitiu o seu novo modelo de negócio, o Global Networked Business, baseado na utilização de comunicações electrónicas para criar relações interactivas e baseadas no conhecimento com os seus clientes, parceiros comerciais, fornecedores e empregados. Neste processo, a Cisco duplicou a sua dimensão todos os anos e obteve centenas de milhões de dólares em poupanças de custos e aumentos de receitas. A Autodesk, uma empresa de software de conceção assistida por computador, registou uma diminuição dos tempos de execução das encomendas de duas semanas para 24 horas após a instalação de um sistema ERP. **Há muitos** exemplos semelhantes **no** ambiente **empresarial atual**.

A implementação do ERP pode apresentar muitos desafios para a organização e, para obter o máximo de benefícios com o mínimo de riscos, deve ser feito um planeamento cuidadoso. A avaliação das fases da implementação é necessária para atingir as metas e os objectivos da implementação do ERP. Quando isso é feito, o ERP proporciona benefícios comerciais e melhorias na produtividade. Em primeiro lugar, é necessário definir os objectivos comerciais para que a solução possa ser selecionada em conformidade. Isto assegurará uma melhoria do fluxo de informação, criando transparência nas unidades empresariais. A definição da infraestrutura também é necessária para evitar que a solução não se adapte. Uma vez que a solução tem de ser criada de raiz, é essencial escolher o fornecedor de ERP correto que se adapte ao seu orçamento e às suas necessidades empresariais. A implementação é um processo complexo e requer muito planeamento, pelo que é essencial selecionar o fornecedor certo. Para atingir as metas e os objectivos da implementação, defina as normas de comunicação; estabeleça prazos, orçamentos, etc. Crie marcos de referência de desempenho e um calendário de implementação.

É necessário contratar a equipa que irá trabalhar no desenvolvimento e na implementação. Para acompanhar o projeto, gerir os pontos de referência com os membros da equipa. Efetuar os testes de resistência e de utilização do sistema ERP e formar o pessoal para utilizar o novo sistema. É importante que os utilizadores finais estejam familiarizados e conheçam o novo sistema. Um gestor de projeto experiente e um consultor competente garantirão que as metas e os objectivos da implementação do ERP sejam alcançados. Os objectivos têm de ser definidos de modo a cumprir as normas e a lei.

3.2 COMO DEVE SER IMPLEMENTADO O ERP?

O diagrama de fluxo da figura apresentada mostra várias actividades que devem ser realizadas antes da implementação de um sistema ERP.

Etapa 1: Os gestores devem realizar um estudo de viabilidade da situação atual para avaliar **as** necessidades **da organização**, analisando a disponibilidade de hardware, software, bases de dados e conhecimentos informáticos internos, e tomar a decisão de implementar o ERP onde a integração é essencial. Devem também definir metas de melhoria e estabelecer objectivos para a implementação, bem como calcular os pontos de equilíbrio e os benefícios a obter com este dispendioso investimento em TI.

Etapa 2: A segunda grande atividade consiste em educar e recrutar os utilizadores finais para participarem em todo o processo de implementação.

Passo 3: Os gestores formam uma equipa de projeto ou um comité de direção composto por especialistas de todas as áreas funcionais para liderar o projeto.

Passo 4: Após a decisão de implementar o ERP, será contratada uma equipa de consultores de sistemas para avaliar a adequação da implementação de um sistema ERP e para ajudar a selecionar o melhor fornecedor de software empresarial e a melhor abordagem para a implementação do ERP. Na maioria das situações, a equipa de consultores também recomenda os módulos **mais adequados às operações da empresa** (produção, finanças, recursos humanos, logística, previsões, etc.), às configurações do sistema e às aplicações Business-to-Business, tais como a gestão da cadeia de abastecimento, a gestão das relações com os clientes, as compras electrónicas e o mercado eletrónico.

Etapa 5: Antes da implementação do sistema, deve ser ministrada formação adequada aos funcionários e gestores de todas as partes interessadas, incluindo gestores, utilizadores finais, clientes e fornecedores. Esta formação é normalmente personalizada e pode ser ministrada por formadores internos ou externos.

Etapa 6: O processo de instalação do sistema abordará questões como a configuração do software, a aquisição de hardware e o teste do software.

Etapas 7, 8 e 9: Os dados e informações das bases de dados devem ser convertidos para o formato utilizado no novo sistema ERP e os servidores e redes devem ser actualizados. Recomenda-se uma revisão pós-implementação para garantir que todos os objectivos comerciais estabelecidos durante a fase de planeamento sejam alcançados. As alterações necessárias são igualmente abordadas durante esta fase.

3.3 Questões relativas à implementação do ERP:

A implementação de um ERP provoca uma mudança maciça que precisa de ser cuidadosamente gerida para colher os benefícios de uma solução ERP. As questões críticas que devem ser cuidadosamente consideradas para garantir uma implementação bem sucedida incluem questões fundamentais, processo de mudança organizacional, pessoas, custos e tempo de implementação e moral dos empregados. As questões pertinentes são:

1. Questões fundamentais:

A implementação de um sistema ERP pode ser longa, dispendiosa e trabalhosa e pode afetar **os resultados de** uma **organização** se for feita incorretamente. Para garantir o sucesso de qualquer projeto de implementação de um ERP, **deve ser** criada uma equipa de projeto composta por um consultor de ERP, uma auditoria interna e um pessoal de TI familiarizado **com as operações comerciais da empresa, devendo** o seu papel ser definido.

(a) Papel do gestor

O gestor deve considerar as questões fundamentais da integração de sistemas, analisando **a visão e** os objectivos empresariais **da organização.**

■ **A administração compreende plenamente os** seus actuais processos empresariais e pode tomar decisões de implementação em tempo útil?

■ A administração **está disposta** a empreender esforços drásticos de reengenharia dos processos empresariais para obter resultados dramáticos?

■ **A direção da** empresa está disposta **a efetuar** alterações na estrutura, nas operações e no ambiente cultural para se adaptar às opções configuradas no sistema ERP?

■ **A organização está preparada financeira e economicamente para investir fortemente na** implementação de **um ERP?**

(b) Papel de um auditor

Os auditores desempenham um papel pró-ativo ao ajudarem a organização a lançar as bases para o sucesso **de uma iniciativa** com o seu conhecimento das práticas de controlo interno, requisitos de conformidade e processos empresariais. Em particular, os auditores internos podem :

- **Abreviaturas de documentos e sua função.**
- **Identificar os documentos utilizados no quotidiano da organização.**
- **Compilar uma lista dos conjuntos de dados mestre da organização.**
- **Enumerar os controlos internos aplicados e adoptados em cada fase do processo empresarial.**
- **Criar uma lista dos relatórios de informação de gestão atualmente utilizados e gerados recentemente.**

(c)   Compromisso da gestão de topo

Os gestores têm de explorar as futuras questões relacionadas com as tecnologias de comunicação e de computação, a fim de integrar os sistemas ERP com as aplicações de comércio eletrónico na sua organização e decidir sobre as principais questões relacionadas com a implementação e a atividade empresarial. Devido ao enorme impacto na vantagem competitiva da empresa, a gestão de topo deve considerar as implicações estratégicas da implementação de uma solução ERP, tendo em conta a dimensão da empresa e os módulos instalados. A gestão deve colocar várias questões antes de iniciar o projeto.

- **O sistema ERP reforça a posição competitiva da empresa?** Como é que pode prejudicar **a** posição competitiva **da empresa**?
- Como é que o ERP afecta a estrutura e a cultura organizacionais? Qual é o âmbito da implementação do ERP --- apenas algumas unidades funcionais ou toda a organização?
- **Existem alternativas que satisfaçam melhor as necessidades da empresa do que um sistema ERP?**
- Se se tratar de uma empresa multinacional, a direção deve preocupar-se em saber se será melhor implementar o sistema a nível global ou restringi-lo a determinadas unidades regionais.

2.   Processo de Mudança Organizacional:

A implementação do ERP exige que as organizações procedam à reengenharia dos seus principais processos empresariais, à integração do ERP com outros sistemas de informação empresarial e à seleção dos trabalhadores adequados para os novos sistemas.

(a) Reengenharia do processo existente

A implementação de um sistema ERP implica a reengenharia dos processos empresariais existentes de acordo com a melhor norma de processos empresariais que, no final, devem estar em conformidade com o modelo ERP. Os sistemas ERP são construídos com base nas melhores práticas seguidas no sector, embora o custo e os benefícios do alinhamento com um modelo ERP e da personalização possam ser muito elevados. Quanto maior for a personalização, maiores serão os custos de implementação.

(b)Integração do ERP com outros BIS

As vantagens de uma aplicação ERP são limitadas se não estiver perfeitamente integrada com outros sistemas de informação. Alguns dos principais domínios em causa são:

- Integração de módulos ERP
- Integração de aplicações E-Business
- Integração com sistemas legados

(c) Seleção dos trabalhadores certos

As empresas que tencionam implementar um sistema ERP devem estar dispostas a delicar alguns dos seus melhores funcionários para o projeto, para que a implementação seja bem sucedida. Os recursos internos do projeto devem ter a capacidade de compreender as necessidades globais da empresa e desempenhar um papel importante na orientação dos esforços do projeto na direção certa. As empresas devem considerar orientações abrangentes ao selecionar os recursos internos para o projeto. A falta de uma compreensão adequada das necessidades do projeto e a incapacidade de fornecer liderança e orientação aos

(d)Formação dos trabalhadores

A formação e a atualização dos trabalhadores em matéria de ERP constituem um grande desafio, uma vez que são extremamente complexas e exigentes. É difícil para os formadores ou consultores transmitir os conhecimentos do pacote ERP aos trabalhadores num curto espaço de tempo. Esta transferência de conhecimentos torna-se mais difícil se os empregados não tiverem conhecimentos de informática ou tiverem fobia de computadores. A falta de **projeto por parte dos recursos internos da empresa é uma das** principais razões para o fracasso dos projectos ERP. Para além de aprenderem a tecnologia ERP, os trabalhadores têm de aprender as suas novas responsabilidades.

3. Custo e tempo de implementação:

Custo de implementação: Embora o preço do software pré-escrito seja baixo em comparação com o desenvolvimento interno, o custo total de implementação pode ser três a cinco vezes superior ao preço de compra do software. Os custos de implementação aumentam à medida que o grau de personalização aumenta. Após a formação dos empregados seleccionados, estratégias como programas de bónus, regalias da empresa, aumentos salariais, formação e educação contínuas e apelos à lealdade para com a empresa servem para os reter. Outras estratégias intangíveis, como horários de trabalho flexíveis, opções de teletrabalho e oportunidades de trabalhar com tecnologias de ponta, também estão a ser utilizadas.

Tempo de implementação: Os sistemas ERP são fornecidos de forma modular e não têm de ser implementados de uma só vez. Os pacotes de ERP são muito gerais e precisam de ser configurados para um tipo específico de empresa, podendo seguir uma abordagem faseada com a implementação de um módulo de cada vez. Alguns dos módulos mais frequentemente instalados são os módulos de vendas e distribuição (SD), gestão de materiais (MM), produção e planeamento (PP) e finanças e controlo (FI).

A duração da implementação é afetada pelo número de módulos a implementar, o âmbito da implementação, a extensão da personalização e o número de interfaces com outras aplicações. Quanto maior for o número de unidades, maior será o tempo de implementação. Além disso, à medida que o âmbito da implementação cresce de uma única unidade de negócio para várias unidades espalhadas globalmente, a duração da implementação aumenta.

4. Moral dos empregados

Os funcionários que trabalham num projeto de implementação de um ERP fazem longas horas de trabalho (até 20 horas por dia), incluindo semanas de sete dias e até férias. Embora a experiência seja valiosa para o seu crescimento profissional, o stress da implementação, juntamente com as tarefas normais do trabalho, pode diminuir rapidamente o seu moral. A liderança da gestão de topo, o apoio e os actos de carinho dos chefes de projeto iriam certamente aumentar o moral dos membros da equipa. Outras estratégias, como levar os trabalhadores em visitas de estudo, podem ajudar a reduzir o stress e a melhorar o moral. Os sistemas ERP fornecem um mecanismo para a sua implementação quando é necessário um elevado grau de integração entre aplicações. O Business Case ou Proposta de Valor para a implementação deve ser delineado. Para que a implementação seja bem sucedida, deve ser mantida uma combinação adequada de pessoas, processos e tecnologia. Os sistemas ERP funcionam a partir de uma única base de dados e permitem que vários departamentos partilhem informações e comuniquem entre si. O conhecimento necessário durante a implementação de um sistema empresarial inclui uma variedade de conhecimentos, experiências e competências e, por conseguinte, é necessária a transferência de conhecimentos entre funções e departamentos para garantir que o conhecimento necessário do sistema empresarial está disponível para uma implementação bem sucedida.

People	Process	Technology
Project Structure Should be aligned to Processes Consultants **User's Risks**	Implementation Process (outlined in detail) Adapt your processes to those of the ERP **Program Management**	Hardware Software Functionality Integrated Systems Up gradation

A implementação do ERP é tão intensiva em termos de conhecimentos que o destino de todo o projeto está nas mãos de um grupo de funcionários experientes de toda a organização e o sucesso do projeto depende em grande medida da gestão eficaz dos conhecimentos que entram, entram e saem desta equipa durante o ciclo de vida do sistema empresarial. Os funcionários precisam de saber como a sua tarefa se enquadra no processo global e como esse processo contribui para a realização dos objectivos organizacionais. Os especialistas em ERP precisam de saber mais sobre os processos empresariais e os especialistas em processos empresariais precisam de aproveitar os seus conhecimentos sobre os sistemas de TI em vigor na sua organização.

3.4 ESTRATÉGIAS DE TRANSIÇÃO PARA A IMPLEMENTAÇÃO DO PROGRAMA DE ERP:

A estratégia de implementação de um ERP determina a forma como o sistema ERP será instalado. Indústrias diferentes podem instalar o mesmo software ERP em processos totalmente diferentes. O mesmo sector pode implementar diferentes

software na mesma abordagem. Existem várias estratégias de transição, mas a maior parte delas são variantes dos cinco tipos básicos:

a) Big Bang b) Faseada c) Paralela d) Linha de Processo e) Híbrida. Estas técnicas centram-se na estratégia de como efetuar a transição de um sistema antigo para um novo sistema ERP. Todas as implementações de ERP começam com a simples questão - como é que fazemos a transição do nosso sistema ERP antigo para o novo sistema ERP? A seleção da estratégia de transição que melhor se adequa a cada indústria é crucial, uma vez que uma estratégia errada pode resultar numa implementação falhada ou com falhas. Compreender as relações das estratégias de transição do ERP entre o processo, as pessoas e a tecnologia ajudará os implementadores do ERP a compreender melhor que tipo ou combinação de tipos de estratégia de transição do ERP é melhor.

3.5 Factores críticos de sucesso e insucesso durante a implementação do ERP

O que é considerado um grande projeto varia de um contexto para outro, dependendo de factores determinantes como a complexidade, a duração, o orçamento e a qualidade do projeto. Nos projectos ERP, a complexidade depende do âmbito do projeto, incluindo o número de funções empresariais afectadas e a medida em que a implementação do ERP altera os processos empresariais. Os projectos de ERP que visam uma verdadeira transformação têm normalmente uma duração de um a três anos. Os recursos necessários incluem hardware, software, consultoria, formação e pessoal interno, com estimativas de custo que variam entre 0,4 milhões de dólares e 300 milhões de dólares, com uma média de cerca de 15 milhões de dólares (Koch 2002). Por conseguinte, ao considerar a implementação do ERP como um grande projeto em geral, podemos aderir aos fundamentos da gestão de projectos para alcançar o sucesso da implementação do ERP.

Existe uma vasta literatura sobre gestão de projectos no domínio da investigação organizacional. Vários investigadores desenvolveram conjuntos de factores fundamentais de sucesso de projectos que podem melhorar significativamente as hipóteses de implementação de projectos (Pinto e Slevin 1987; Shenhar et al. 2002). Além disso, vários investigadores identificaram as melhores práticas e os riscos relacionados com os projectos de SI, como a implementação do ERP. Akkermans et al. (2002) forneceram factores de sucesso para a implementação de ERP com base numa vasta análise da literatura, seguida de uma classificação dos factores por 52 gestores de topo de empresas americanas que tinham concluído implementações de ERP. Ewusi-Mensan

3.6   97) identificou as razões pelas quais as empresas abandonam os projectos de SI com base em inquéritos sobre projectos cancelados em empresas da Fortune 500 nos EUA. Keil (1998) propôs riscos significativos para os projectos de software com base num estudo Delphi de gestores experientes de projectos de software em Hong Kong, na Finlândia e nos EUA (Akkermans e Helden 2002; Ewusi-Mensah 1997; Keil et al. 1998). Com base nesta literatura, Ferratt et al. (2006) agruparam as questões relativas às melhores práticas, formando quatro factores de sucesso para a implementação do ERP (Ferratt et al. 2006):

1) Apoio à gestão de topo, planeamento, formação e contribuições da equipa,

2) Esforços de seleção de software,

3) Participação no domínio dos sistemas de informação, e

4) Capacidade de consultoria e apoio.

Ferratt et al. (2006) validaram estes factores de sucesso através do estudo empírico de projectos ERP.

Também forneceram cinco questões de resultados, que se mostraram significativamente correlacionadas e que, por conseguinte, devem ser combinadas para formar um único fator de resultados, a eficácia. A sua análise de regressão identificou que todos os factores de sucesso podem afetar significativamente o resultado, pelo que estes factores podem agora ser considerados os factores de sucesso representativos na implementação do ERP.

A fim de reduzir a taxa de insucesso da implementação do ERP, vários estudos tentaram identificar os factores críticos de sucesso (CSF) na implementação do ERP (E.W.T. Ngai et.al. 2008). As empresas envolvidas na implementação do ERP em diferentes países diferiram significativamente no desempenho relativamente a alguns CSF.

	Strategic	Tactical
Organizational	• Sustained management support • Effective organizational change management • Adequate project team composition • Good project scope management	• Dedicated staff and consultants • Appropriate usage of consultants • Empowered decision makers
Perspectives	• Comprehensive business re-engineering • Adequate project champion role • Trust between partners • User involvement and participation	• Adequate training program • Strong communication inwards and outwards • Formalized project plan/schedule • Reduce trouble shooting
Technological Perspectives	• Avoid customization • Adequate ERP implementation strategy • Adequate software configuration • Adequate ERP version	• Adequate software configuration • Adequate legacy systems knowledge

3.6 FACTORES CRÍTICOS PARA UMA IMPLEMENTAÇÃO BEM SUCEDIDA DO ERP:

A implementação de um sistema ERP não é um empreendimento barato ou isento de riscos. De facto, 65% dos executivos acreditam que os sistemas ERP têm pelo menos uma hipótese moderada de prejudicar as suas empresas devido aos potenciais problemas de implementação. Por conseguinte, vale a pena examinar os factores que, em grande medida, determinam se a implementação será bem sucedida. Vários autores identificaram uma série de factores que podem ser considerados críticos para o êxito de uma implementação ERP. Os mais proeminentes são descritos a seguir.

Compreensão clara dos objectivos estratégicos: As implementações de ERP exigem que as pessoas-chave em toda a organização criem uma visão clara e convincente da forma como a empresa deve funcionar para satisfazer os clientes, capacitar os funcionários e facilitar os fornecedores nos próximos três a cinco anos. Também deve haver definições claras de objectivos, expectativas e resultados. Por último, a organização deve definir cuidadosamente a razão pela qual o sistema ERP está a ser implementado e quais as necessidades críticas da empresa que o sistema irá satisfazer.

Compromisso da gestão de topo: As implementações bem sucedidas requerem uma forte liderança, empenhamento e participação da gestão de topo. Uma vez que o contributo dos executivos é fundamental quando se analisam e repensam os processos empresariais existentes, o projeto de implementação deve ter um comité de planeamento da gestão executiva que esteja empenhado na integração da empresa, compreenda o ERP, apoie plenamente os custos, exija retorno e defenda o projeto. Além disso, o projeto deve ser liderado por um defensor do projeto de nível executivo altamente respeitado.

Excelente gestão de projectos: Uma implementação bem sucedida do ERP requer que a organização se empenhe numa excelente gestão de projectos. Isto inclui uma definição clara dos objectivos, o desenvolvimento de um plano de trabalho e de um plano de recursos, e um acompanhamento cuidadoso do progresso do projeto. E o plano do projeto deve estabelecer calendários agressivos, mas exequíveis, que incutam e mantenham um sentido de urgência. Uma definição clara dos objectivos do projeto e um plano claro ajudarão a organização a evitar o tão comum **"scope creep" que pode sobrecarregar** o orçamento do ERP, comprometer o progresso do projeto e complicar a implementação. O âmbito do projeto deve ser claramente definido no início do projeto e deve identificar os módulos seleccionados para implementação, bem como os processos empresariais afectados. Se a administração decidir implementar um pacote ERP padronizado sem grandes modificações, isso minimizará a necessidade de personalizar o código ERP básico. Isto, por sua vez, reduzirá a complexidade do projeto e ajudará a manter a implementação dentro do prazo.

Gestão da mudança organizacional: A estrutura e os processos organizacionais existentes na maioria das empresas não são compatíveis com a estrutura, as ferramentas e os tipos de informação fornecidos pelos sistemas ERP. Mesmo o sistema ERP mais flexível impõe a sua própria lógica à estratégia, organização e cultura **de** uma **empresa**. Assim, a implementação de um sistema ERP pode forçar a reengenharia de processos chave da empresa e/ou o desenvolvimento de novos processos de negócio para apoiar os **objectivos** da organização. E os processos redesenhados requerem um realinhamento correspondente no controlo organizacional para sustentar a eficácia dos esforços de reengenharia. Este realinhamento tem normalmente impacto na maioria das áreas funcionais e em muitos sistemas sociais da organização. As mudanças resultantes podem afetar significativamente as estruturas organizacionais, as políticas, os processos e os colaboradores. Infelizmente, muitos directores executivos encaram o ERP como um simples sistema de software e a sua implementação como um desafio tecnológico. Eles não entendem que o ERP pode mudar fundamentalmente a forma como a organização opera. Esta é uma das questões problemáticas que os actuais sistemas ERP enfrentam. O objetivo final deve ser a melhoria da empresa e não a implementação de software. A implementação deve ser orientada pelas necessidades da empresa e não pelo departamento de TI. É evidente que as implementações de ERP podem desencadear mudanças profundas na cultura da empresa. Se as pessoas não estiverem devidamente preparadas para as mudanças iminentes, a negação, a resistência e o caos serão consequências previsíveis das mudanças criadas pela implementação. No entanto, se forem utilizadas técnicas adequadas de gestão da mudança, a empresa deverá estar preparada para abraçar as oportunidades proporcionadas pelo novo sistema ERP e o ERP disponibilizará mais informação e tornará possíveis mais melhorias do que inicialmente parecia possível. A organização deve ser suficientemente flexível para tirar o máximo partido destas oportunidades.

Uma grande equipa de implementação: As equipas de implementação do ERP devem ser compostas por pessoas de alto nível, escolhidas pelas suas competências, realizações anteriores, reputação e flexibilidade. A estas pessoas deve ser confiada a responsabilidade pela tomada de decisões críticas. A administração deve comunicar constantemente com a equipa, mas deve também permitir a tomada de decisões rápidas e com poderes.

Exatidão dos dados: A exatidão dos dados é absolutamente necessária para que um sistema ERP funcione corretamente. Devido à natureza integrada do ERP, se alguém introduzir dados errados, o erro pode ter um efeito dominó negativo em toda a empresa. Por conseguinte, a formação dos utilizadores sobre a importância da exatidão dos dados e dos procedimentos correctos de introdução de dados deve ser uma prioridade máxima na implementação de um ERP. Os sistemas ERP também exigem que todos na organização trabalhem dentro do sistema e não à volta dele. Os colaboradores devem estar convencidos de que a empresa está empenhada em utilizar o novo sistema, que irá efetuar a transição total para o novo sistema e que não permitirá a continuação da utilização do sistema antigo. Para reforçar este compromisso, todos os sistemas antigos e informais devem ser eliminados. Se a organização continuar a utilizar sistemas paralelos, alguns empregados continuarão a utilizar os sistemas antigos.

Educação e formação alargadas: A educação/formação é provavelmente o fator crítico de sucesso mais reconhecido, porque a compreensão e a adesão do utilizador são essenciais. A implementação do ERP requer uma massa crítica de conhecimentos que permita às pessoas resolverem problemas no âmbito do sistema. Se os funcionários não compreenderem o funcionamento de um sistema, inventarão os seus próprios processos utilizando as partes do sistema que conseguem manipular. Os utilizadores finais não podem usufruir de todas as vantagens do ERP se utilizarem corretamente o novo sistema. Para que a formação dos utilizadores finais seja bem sucedida, esta deve começar cedo, de preferência muito antes do início da implementação. Muitas vezes, os executivos subestimam drasticamente o nível de educação e formação necessário para implementar um sistema ERP, bem como os custos associados. A gestão de topo deve estar totalmente empenhada em despender verbas adequadas para a educação e formação dos utilizadores finais e incorporá-las no orçamento do ERP. Foi sugerido que reservar 10-15% do orçamento total de implementação do ERP para formação dará a uma organização 80% de hipóteses de sucesso na implementação.

Medidas de desempenho específicas: As medidas de desempenho que avaliam o impacto do novo sistema devem ser cuidadosamente elaboradas. Naturalmente, as medidas devem indicar como o sistema está a funcionar. Mas as medidas também devem ser concebidas de forma a encorajar os comportamentos desejados por todas as funções e indivíduos. Essas medidas podem incluir entregas dentro do prazo, margem de lucro bruto, tempo entre a encomenda e a expedição do cliente, rotação de stocks, desempenho do fornecedor, etc. As medidas de avaliação do projeto devem ser incluídas desde o início. Se a implementação do sistema não estiver ligada à compensação, não será bem sucedida. Por exemplo, se todos os gestores receberem os seus aumentos e bónus no próximo ano, mesmo que o sistema não seja implementado, é menos provável que a implementação seja bem sucedida. A administração, os fornecedores, a equipa de implementação e os utilizadores devem ter um entendimento claro do objetivo. Se alguém não for capaz de atingir os objectivos acordados, deve receber a assistência necessária ou ser substituído. Quando as equipas atingem os objectivos que lhes foram atribuídos, as recompensas devem ser apresentadas de forma bem visível. O projeto deve ser acompanhado de perto até que a implementação esteja concluída. O sistema deve ser permanentemente monitorizado e medido.

Os gestores e outros colaboradores partem frequentemente do princípio de que o desempenho começará a melhorar assim que o sistema ERP estiver operacional. Em vez disso, como o novo sistema é complexo e difícil de dominar, as organizações devem estar preparadas para a possibilidade de um declínio inicial na produtividade. À medida que a familiaridade com o novo sistema aumenta, registar-se-ão melhorias. Assim, devem ser claramente comunicadas as expectativas realistas sobre o desempenho e os prazos.

Problemas com vários locais: As implementações em vários locais apresentam preocupações especiais. A forma como estas questões são abordadas pode desempenhar um papel importante no sucesso final da implementação do ERP. O grau desejado de autonomia de cada local pode ser uma questão crítica que depende de dois factores: (1) o grau de consistência dos processos e produtos entre os locais remotos e (2) a necessidade ou desejo de um controlo centralizado da informação, da configuração do sistema e da sua utilização. Um dos objectivos da implementação de um ERP pode ser o de aumentar o grau de controlo central através da implementação de processos normalizados. Alternativamente, a implementação pode ser efectuada para fornecer aos locais remotos capacidades que lhes permitam ajustar os seus processos às suas situações específicas. Numa implementação multi-site, uma abordagem faseada é geralmente considerada preferível. Isto deve-se em parte ao facto de o sucesso ou insucesso da primeira tentativa de implementação decidir frequentemente o destino de todo o projeto. Assim, a equipa de gestão pode ganhar ímpeto seleccionando um local piloto que tenha uma elevada probabilidade de sucesso. E se o ERP for instalado numa abordagem faseada - módulo a módulo, departamento a departamento ou fábrica a fábrica - as lições aprendidas nos primeiros locais podem facilitar as implementações em locais posteriores.

3.7 DESENVOLVIMENTO EM ERP:

O ERP exige modificações e actualizações constantes. Os programadores de ERP estão a enfrentar uma enorme pressão tanto dos fornecedores como das empresas. Neste contexto, torna-se importante analisar as tendências e as modalidades do ERP. O ERP tem um grande adversário na sua própria comunidade. O seu sucessor, o ERP II, tem sido muito falado. No entanto, há também argumentos de que se trata de uma mera extensão do ERP. O ERP e o ERP II têm muitas diferenças. O mito popular de que o ERP II é uma extensão do ERP não é verdadeiro. As características comparativas do ERP e do ERP II explicá-las-ão claramente.

Algumas das características adicionais do ERP II são as seguintes

A. **Cobertura específica de elementos individuais:** A planificação dos recursos empresariais não se preocupava muito com os elementos individuais. Pelo contrário, centrava-se mais em parâmetros macro, como departamentos, processos e procedimentos. Uma vez que os microelementos escapavam à atenção, não havia uma solução adequada para os defeitos e, mesmo que fossem implementados, não eram muito eficazes. O ERP II tem algumas características abrangentes que não se concentram em elementos individuais, mas sinergizamnos e tornam mais significativo o funcionamento da componente saudável em causa.

B. **Aplicável a todos os sectores**: O conceito de ERP teve uma ampla aplicabilidade no sector da indústria transformadora. Além disso, os segmentos do retalho e da distribuição foram beneficiados. O ERP era também aplicável a todas as indústrias e segmentos; no entanto, os benefícios não valiam os investimentos. Pelo contrário, eram desnecessários. Isto não quer dizer que o ERP não fosse adequado a outros sectores. Na verdade, o ERP não tinha as facilidades exigidas por estes sectores. Naturalmente, estes sectores mostraram-se relutantes em adotar o ERP. O ERP II superou este inconveniente, tornando-o assim acessível a todos os sectores, independentemente da natureza das actividades ou do volume das transacções.

C. **Abrange mais funções**: O ERP foi concebido para facilitar as funções convencionais de uma organização. Se existiam algumas novas funções essenciais, estas não eram abrangidas pelo âmbito do ERP. O ERP ainda ajudava a facilitar o processo empresarial, mas o resultado não era o desejado. Esta limitação parecia ser uma grande desvantagem do ERP, especialmente com as rápidas transformações na estrutura e nas funções organizacionais. O ERP II ajudou a eliminar este obstáculo ao incluir o máximo de funções no seu âmbito de aplicação. Não só facilitou a inclusão de funções não convencionais, essenciais e de apoio, como também das melhores práticas, mas também das melhores práticas seguidas na indústria, noutras indústrias e das práticas que eram exclusivamente dedicadas à indústria em causa,

D. **Outras vantagens**: Algumas outras vantagens do ERP II incluem a forma como é utilizado numa organização e as facilidades proporcionadas pelo mesmo. O ERP é suscetível de utilizar as facilidades da Internet. No entanto, estas não são utilizadas ao máximo. Pelo contrário, o ERP utiliza-os minimamente. No entanto, não é este o caso do ERP II. O ERP II conseguiu tirar o máximo proveito da Internet. Os seus contemporâneos Wireless ERP e WEB enabled ERP contribuíram para tornar isto possível, para além das características especiais do ERP. O funcionamento do ERP está mais centrado no interior da organização. Tem um impacto de longo alcance nos factores externos. Pelo contrário, o ERP II inclui tanto factores internos como externos. Mantém-se interno mesmo na parte da ligação. Entretanto, todas as outras áreas recebem a devida importância no que respeita ao ERP II.

CAPÍTULO 4

QUESTÕES DE QUALIDADE EM ERP

4.1 Qualidade no ERP:

Uma abordagem global da gestão da qualidade - que integre as informações e os processos através dos departamentos e das fronteiras da empresa - permite aos seus empregados e aos parceiros da cadeia de abastecimento manter e melhorar os níveis de qualidade. A aplicação ERP fornece uma solução única e poderosa que lhe permite adotar uma abordagem abrangente e de base alargada à gestão da qualidade total. Fornece uma vasta gama de funcionalidades integradas de gestão da qualidade e suporta processos empresariais colaborativos para garantir, de forma rentável, a qualidade dos seus produtos e processos e transformar a gestão da qualidade numa vantagem competitiva.

Na economia **atual**, é necessário investir em software empresarial para investir no futuro **da** sua **empresa**. É importante estabelecer uma base de confiança para a excelência e inovação empresarial e fornecer à sua organização a funcionalidade de planeamento de recursos empresariais (ERP) necessária para obter uma visão estratégica, diferenciação competitiva, maior produtividade e agilidade empresarial.

Com a aplicação SAP ERP, a SAP transferiu a sua visão de aumentar a eficiência dentro de uma organização para um software de planeamento de recursos empresariais (ERP) que ajuda a automatizar processos empresariais de ponta a ponta e estende esses processos a todo o ecossistema empresarial, incluindo clientes, parceiros e fornecedores. Com o SAP ERP, pode **aumentar** a produtividade **dos seus colaboradores** e fornecer-lhes o conhecimento necessário para tomarem decisões que o diferenciam da concorrência. A qualidade é uma competência essencial vital para os fabricantes de toda a indústria - e tendo em conta **os actuais** ciclos de produção complexos e frequentemente globais, não pode ser tratada como uma mera reflexão posterior. É necessário integrar a qualidade na conceção dos produtos e processos; é necessário acompanhar a qualidade através do aprovisionamento, da produção e da entrega; e é necessário melhorar constantemente a qualidade para acompanhar as expectativas crescentes dos clientes e as pressões da concorrência. Em suma, é necessário adotar uma abordagem abrangente à gestão da qualidade - uma abordagem que integre informações e processos entre departamentos e fronteiras empresariais e que capacite os seus colaboradores e parceiros da cadeia de fornecimento a manter e melhorar os níveis de qualidade. O SAP ERP permite a abordagem abrangente e eficiente de que necessita para transformar a gestão da qualidade numa vantagem competitiva. O SAP ERP oferece uma vasta gama de funcionalidades integradas de gestão da qualidade e suporta cenários empresariais colaborativos para garantir, de forma económica, a qualidade dos seus produtos e processos.

Uma vez que os seus colaboradores trabalham ao longo de todo o ciclo de vida do produto ao longo da cadeia de abastecimento, o SAP ERP assegura que a qualidade é integrada de forma eficiente nos seus processos, sistemas e produtos, desde o chão de fábrica até ao piso superior. Se está a considerar implementar ou já implementou a gestão da qualidade (QM) com o SAP ERP na sua empresa e pretende obter informações sobre as funções actuais e os novos desenvolvimentos, então este documento contém todas as informações de que necessita. Este documento destina-se a planeadores de projectos, decisores e pessoas interessadas na implementação da GQ com o SAP ERP. Explica como o QM com o SAP ERP está integrado na família de aplicações empresariais SAP Business Suite e na arquitetura orientada para os serviços empresariais (enterprise SOA), com base na plataforma tecnológica SAP Net Weaver. Fornece-lhe uma visão do atual âmbito funcional da QM com o SAP ERP. Mostra também como as funções QM estão integradas no SAP ERP e apoiam os processos empresariais da cadeia de abastecimento.

4.2 GESTÃO DA QUALIDADE: UMA ABORDAGEM DE GESTÃO INTEGRADA

1. Oferecer uma solução de gestão da qualidade total: A aplicação SAP ERP fornece uma solução única e poderosa que lhe permite adotar uma abordagem abrangente e de base alargada à gestão da qualidade total (QM). Muito mais do que um sistema tradicional isolado de qualidade assistida por computador ou um sistema de gestão de informação laboratorial, o SAP ERP suporta processos de qualidade em qualquer indústria.

2. Praticar a melhoria contínua: É possível identificar e analisar rapidamente os problemas e, em seguida, eliminar rapidamente as suas causas principais. Com a funcionalidade de notificações de qualidade, por exemplo, pode garantir que todos os problemas e eventos não planeados são capturados diretamente quando ocorrem, que são corretamente atribuídos e resolvidos, e que todas as acções são monitorizadas para uma eficácia máxima. Uma abordagem orientada para o serviço empresarial permite que os funcionários e os parceiros comerciais criem pedidos ou notificações, trabalhem em conjunto online para registar informações, enviar informações e acompanhar o estado de processamento dos pedidos - fornecendo a funcionalidade completa necessária para garantir acções correctivas e preventivas. Além disso, a funcionalidade analítica do SAP ERP e a componente SAP Net Weaver Business Intelligence (SAP Net Weaver BI) permitem-lhe monitorizar o desempenho da qualidade e ajustar as estratégias de qualidade para eliminar problemas. Utilizando o cockpit QM flexível para avaliações no SAP ERP, por exemplo, pode analisar dados de gestão da qualidade online e arquivados **para apoiar os** projectos Six Sigma **da sua empresa**.

3. Gerir processos de auditoria: As funções de gestão de auditorias do SAP ERP permitem-lhe planear, conduzir e avaliar auditorias em toda a empresa. Pode realizar auditorias internas ou externas de sistemas, processos, produtos e condições ambientais; realizar uma série de avaliações e análises; e monitorizar a eficácia de todas as acções correctivas e preventivas ligadas a notificações de qualidade. Tudo isto ajuda-o a cumprir os requisitos legais, a apoiar os esforços de benchmarking e a descobrir oportunidades de melhoria. As funções de gestão de auditorias suportam uma vasta gama de normas industriais, tais como a ISO 9000:2000, QS-9000, Boas Práticas de Fabrico (BPF), ISO 14011 e ISO 19011.

4. Disponibilize informação relacionada com a qualidade onde ela é necessária: Onde é necessário A tecnologia de portal empresarial baseada na Web e o conteúdo SAP pronto a utilizar proporcionam aos seus colaboradores e parceiros um ponto de acesso único a todas as informações, aplicações, ferramentas e serviços de que necessitam para colaborar em iniciativas de qualidade. O portal fácil de utilizar e orientado para o contexto aumenta o alcance dos seus esforços de gestão da qualidade para incluir utilizadores diários e ocasionais nos processos de qualidade. Por exemplo, os inspectores de qualidade podem trabalhar de forma mais eficiente utilizando o portal para aceder à lista de trabalho específica de que necessitam para concluir cada lote de inspeção.

5. Destaque-se no Controlo de Qualidade: O SAP ERP oferece-lhe uma funcionalidade de controlo da qualidade que apoia o planeamento estratégico, a monitorização contínua e a resolução rápida de problemas. A aplicação permite-lhe partilhar informações sobre a qualidade e controlar os processos de qualidade em toda a cadeia de abastecimento. Pode planear, conduzir e gerir inspecções de qualidade - e integrá-las em processos ao longo do ciclo de vida do produto. Pode acompanhar com precisão os resultados e os dados de defeitos; registar e cobrar os custos de inspeção; gerir e manter os dados laboratoriais relacionados com amostras, testes e estudos de estabilidade; criar automaticamente certificados de qualidade para os clientes e trocar essas informações com parceiros comerciais; e ligar, monitorizar e manter o equipamento de teste para garantir a exatidão dos dados.

6. Integração interna e externa: A abertura da plataforma tecnológica SAP Net Weaver e a integração perfeita do QM com o SAP ERP numa solução empresarial completa apoiam-no na gestão da qualidade total e satisfazem os critérios da ISO 9000 ou GMP. Na família de aplicações empresariais integradas SAP Business Suite, as funções SAP ERP são incorporadas noutras aplicações, tais como as aplicações SAP Supply Chain Management (SAP SCM) ou SAP Customer Relationship Management (SAP CRM). Dispõe de suporte informático para todos os processos importantes. O QM com SAP ERP está diretamente ligado a várias funções que o ajudam a gerir eficazmente os seus processos empresariais.

Exemplos de tais funções incluem:

• Ferramenta SAP Business Workflow para controlo de processos específicos Com o SAP Business Workflow, é possível estabelecer uma rede de informação e processamento claramente definida para processar rápida e eficientemente lotes de inspeção e notificações de qualidade.

• Software SAP Archive para armazenar documentos O SAP Archive Link armazena documentos que estão ligados a funções de aplicação num arquivo ótico. Esses documentos incluem registos de qualidade, certificados, reclamações de clientes e outros documentos originais internos ou externos.

4.3 GESTÃO DA QUALIDADE COM SAP ERP

A gestão da qualidade com o SAP ERP reforça o controlo e contém os custos. Nas actuais condições de mercado, muitas organizações seguem uma estratégia dupla: procurar o crescimento contínuo e a inovação através da diferenciação competitiva e aumentar a eficiência para fazer face à enorme pressão para reduzir os custos. No final, é necessário ser excelente em ambas para satisfazer as expectativas das partes interessadas e alcançar o sucesso financeiro. Deve reduzir os custos sempre que possível, mas evitar riscos que possam levar a despesas inesperadas - e não orçamentadas.

Adotar uma abordagem de ciclo fechado à gestão da qualidade total: A gestão da qualidade é mais do que realizar inspecções de qualidade de vez em quando. As empresas querem concentrar-se na prevenção de deficiências, na melhoria contínua dos processos através da colaboração e no controlo sustentável da qualidade. É necessário reagir imediatamente a eventos não planeados relacionados com a qualidade, envolver todas as partes afectadas e iniciar acções de acompanhamento para resolver ou controlar um problema. O SAP ERP suporta e assegura uma qualidade consistentemente elevada em toda a cadeia de abastecimento. As empresas podem cumprir continuamente os requisitos legais e as normas da indústria. A satisfação do cliente aumenta, assim como a qualidade geral do produto e a gestão do serviço ao cliente. Uma vez que as funções de gestão de projectos e de gestão da qualidade estão integradas na solução SAP ERP Corporate Services, pode executar projectos Six Sigma para melhorar ainda mais a qualidade, melhorar os processos e reduzir os custos na sua empresa. A Gestão da Qualidade com o SAP ERP suporta as actividades chave da empresa com um enfoque na prevenção de deficiências, melhoria contínua de processos através da colaboração e controlo de qualidade sustentado.

A funcionalidade abrangente de gestão da qualidade suporta:

- Engenharia da qualidade
- Garantia e controlo da qualidade
- Melhoria da qualidade
- Gestão de auditorias

O QM com SAP ERP apoia-o interna e externamente. Fornece um apoio completo, desde o planeamento de produtos e processos na investigação e desenvolvimento (fase de planeamento); passando pelo aprovisionamento, produção, vendas e distribuição (fase de implementação); até ao serviço e utilização (fase de utilização).

1) A fase de planeamento: O QM com o SAP ERP apoia o processo de gestão da qualidade na fase de planeamento. Inclui as seguintes características e funções:

Planeamento de inspeção em ciclo fechado: O planeamento de inspeção em ciclo fechado significa um planeamento de inspeção integrado para as inspecções de entrada de mercadorias e para as inspecções durante a produção, e começa logo no início do processo de desenvolvimento de um novo produto. A norma internacional ISO/TS16949 exige um processo de planeamento avançado da qualidade do produto (APQP), obrigatório para todos os fornecedores da indústria automóvel e de outras indústrias discretas. O SAP ERP fornece ferramentas para apoiar este processo; uma delas é uma ferramenta para uma análise dos modos e efeitos de falha (FMEA) e a outra é o plano de controlo. Pode utilizar a ferramenta FMEA para efetuar uma análise de risco para um objeto distinto (material ou operação) para identificar possíveis defeitos de um processo ou de um produto. Aplicando as ferramentas indicadas, é possível detetar possíveis riscos e eliminá-los através da definição de acções preventivas numa fase inicial. Com o plano de controlo, é possível planear e visualizar todas as inspecções relevantes para um produto final e todos os seus componentes. O plano de controlo liga todas as informações dos objectos relacionados e constitui uma base para o planeamento detalhado das inspecções para cada etapa (controlo em processo, inspecções de entrada de mercadorias, etc.).

Gestão de documentos: Uma ferramenta importante no SAP ERP é a gestão de documentos. É possível utilizar o software de gestão de documentos para criar ligações entre esquemas de inspeção, desenhos de projeto, condições técnicas de fornecimento, especificações, especificações de produto, métodos de inspeção e outra documentação relevante para a qualidade e os dados mestre correspondentes. É possível gerir os dados de acordo com a sua validade, versão e estado.

Administração de dados mestre: Durante a fase de implementação do projeto, especificar as opções relacionadas ao produto que são necessárias para controlar os processos relacionados à qualidade no registro mestre de material na visão de administração de qualidade dos dados mestre. Para a administração de informações de qualidade relacionadas a materiais, fornecedores e clientes, e para o controle de processos relacionados a fornecedores e clientes, é possível atualizar registros de informações de qualidade apropriados.

É possível, por exemplo, atribuir acordos de controle de qualidade e executar o processamento de modelos. Nos planos de controle relacionados a materiais, é possível definir especificações de controle específicas do cliente ou do fornecedor e especificações múltiplas relacionadas a outros objetos. Quando o usuário executa um controle durante a produção, esses elementos são integrados ao roteiro ou à receita. É possível fazer modificações nos dados mestre de forma centralizada e transferir os dados de um sistema de origem para um ou mais sistemas de destino. Além disso, existem ferramentas disponíveis para pesquisa e análise de dados mestre ligados em uma hierarquia, como listas de utilizações e o browser da estrutura do produto.

Gestão de modificações de engenharia: O controle central de modificações coordena as modificações feitas nos dados mestre. É possível executar essas modificações através de um processo de aprovação (por exemplo, de acordo com os requisitos GMP). É possível criar versões diferentes e distribuí-las através do workflow. Também é possível atribuir um nível de revisão em relação a uma data de início de validade específica quando uma modificação é feita.

Classificação: Utilizando a função de classificação integrada, é possível especificar e atribuir dados que estão disponíveis no SAP ERP (como materiais, documentos e planos de inspeção), de modo a poder localizar esses dados mais tarde, de acordo com critérios de pesquisa específicos (como características do lote). Estudo de estabilidade Os estudos de estabilidade ou estudos de prazo de validade são realizados para acompanhar e examinar a forma como as diferentes condições ambientais (por exemplo, temperatura, luz ou humidade) afectam um composto, um material ou um lote durante um determinado período de tempo. Utilizando as características e funções do SAP ERP, o utilizador cria amostras físicas da matéria ou do lote e armazena-as em condições controladas durante o período do estudo. Em intervalos específicos durante o estudo, o utilizador retira estas amostras físicas ou partes destas amostras das várias condições e testa-as de acordo com planos de inspeção predefinidos. É possível utilizar os resultados desses testes, que foram acumulados ao longo do estudo, por exemplo, para verificar e confirmar se a expetativa de vida desejada ou garantida do produto está de acordo com as recomendações predefinidas para armazenamento.

Enquanto processo empresarial, o estudo de estabilidade está totalmente integrado no SAP ERP, utilizando funções das seguintes áreas

- Gestão da qualidade: notificações de qualidade, planeamento da qualidade e inspeção, processamento de lotes.
- Gestão do ciclo de vida dos activos: planeamento e programação da manutenção.
- Gestão de materiais: mestre de materiais, gestão de lotes e listas de materiais.

Gestão de autorizações: Uma função de administração central é responsável pela segurança e proteção dos dados. É possível atribuir autorizações individuais para o processamento de dados mestre e dados de movimento. Isso permite, por exemplo, configurar os empregados de modo que eles tenham que fornecer uma assinatura digital ao executar determinadas operações.

Fluxo de trabalho comercial: É possível utilizar o business workflow para controlar determinados processos complexos e a saída associada a esses processos. Por exemplo, as tarefas corretivas dentro de uma notificação de problema podem ser transferidas automaticamente para a unidade organizacional responsável.

Custos de qualidade: É possível entrar, recolher e faturar custos relacionados com a prevenção de defeitos, inspeções e não-conformidades para diferentes objetos de classificação contábil, utilizando ordens no controlling. Análise de índices Com os seus índices de qualidade, o SAP Net Weaver BI oferece uma vasta gama de possibilidades para monitorizar e controlar os seus processos de qualidade.

Gestão de auditorias: Com ferramentas integradas de gestão de auditorias, é possível planear e processar auditorias, classificar objectos de auditoria, monitorizar acções correctivas e preventivas baseadas nos resultados e documentar e analisar dados de auditoria. A gestão de auditorias, como parte do SAP Net Weaver e, portanto, também parte do SAP ERP, suporta todas as avaliações baseadas em critérios predefinidos (auditorias, verificações, inspecções, revisões e exames) e pode ser posteriormente utilizada para avaliar o objeto. A funcionalidade de gestão de auditorias é muito versátil e pode ser utilizada em vários domínios de aplicação.

Exemplos de utilizações de auditoria são:

- Gestão da qualidade (auditoria de sistemas, auditoria de processos ou auditoria de produtos) e BPF.
- Gestão do ambiente e da higiene.
- Gestão da segurança e da proteção (segurança das instalações, segurança contra incêndios ou proteção de dados).

Six Sigma: Ter o SAP ERP e o SAP Business Suite implementados na sua empresa permite-lhe implementar a sua iniciativa Six Sigma. O SAP ERP suporta a maioria dos elementos essenciais para o Six Sigma, tais como a definição de um roteiro estruturado para a resolução de problemas, como o DMAIC (definir, medir, analisar, melhorar e controlar); uma configuração clara das tarefas e das pessoas responsáveis através da utilização da aplicação Collaboration Projects (c Projects); o cálculo dos riscos e dos custos; a ligação de documentos, notificações, inspecções e auditorias relacionadas; a determinação de indicadores de capacidade e de desempenho, por exemplo, a partir da monitorização do controlo estatístico de processos (SPC) de cartas de controlo e índices; e uma análise dos modos de falha e dos efeitos. Os dados do processo podem ser extraídos da fonte e transferidos para o SAP Net Weaver BI e para um sistema de informação executivo para fins de análise geral. O SAP Net Weaver BI e o sistema de informação executivo fornecem todas as funções necessárias para calcular indicadores-chave de desempenho (KPIs), alimentar balanced scorecards ou outras técnicas de avaliação.

Cenário de colaboração: Notificações de qualidade Na fase de desenvolvimento do produto, se estiver a trabalhar com clientes ou parceiros, o QM com o SAP ERP oferece-lhe a oportunidade de iniciar ideias de produtos ou alterações aos produtos através de notificações de qualidade. As reclamações dos clientes, que podem ser introduzidas na Internet, podem ser utilizadas para determinar a qualidade do produto. Os fornecedores podem pedir autorização para se desviarem das especificações se não puderem cumprir rigorosamente as especificações dos clientes. Para este cenário, os serviços da empresa também estão disponíveis para criar e atualizar as notas no SAP ERP.

Cenário colaborativo: Certificados de qualidade Ao trabalhar com clientes ou fornecedores, o usuário utiliza modelos de certificado para planejar exatamente quais características devem aparecer no certificado. Esses dados de certificado podem ser trocados eletronicamente, por meio do intercâmbio de dados de qualidade (QDI), ou podem ser armazenados na Internet. Por exemplo, é possível armazená-los como um documento

PDF. Cenário colaborativo: registo de resultados É possível registar resultados de controlo através da Internet ou da intranet. Os resultados podem ser registados por prestadores de serviços externos (por exemplo, analistas comerciais) e inspectores internos (por exemplo, num controlo de origem) nos respectivos centros de trabalho. Para este cenário, estão também disponíveis serviços empresariais para acionar e registar resultados de inspeção no SAP ERP.

2. A fase de implementação: O QM com o SAP ERP garante a qualidade em toda a cadeia de abastecimento e para além das fronteiras da empresa. Apoia o seu departamento de gestão da qualidade nas seguintes actividades:

- Aquisição. O QM com SAP ERP gere os dados mestre relacionados com os fornecedores, controla o processo de compra. De acordo com determinados critérios de qualidade, e trata dos certificados de inspeção e dos controlos de entrada de mercadorias.
- Produção. O QM com SAP ERP integra especificações de inspeção em roteiros e receitas, permite inspecções durante a produção e inspecções de entrada de mercadorias para a ordem de fabrico, monitoriza o processo de produção utilizando cartas de controlo e confirma a qualidade, quantidade e custos.
- Vendas e distribuição. O QM com SAP ERP gere os dados mestre relacionados com os clientes, controla o processo de vendas e distribuição de acordo com critérios de qualidade e trata dos certificados de inspeção e das inspecções na saída de mercadorias.

3. Aquisição:

Avaliação do fornecedor: A gestão de materiais fornece informações ao responsável pelas compras sobre a **fiabilidade de fornecimento, o** registo de **preços** e o registo de serviços **de um fornecedor**. O QM com o SAP ERP fornece ao responsável pelas compras informações sobre a gestão da qualidade utilizada pelo fornecedor e a qualidade das mercadorias fornecidas anteriormente. Para isso, o SAP ERP resume os índices de qualidade de auditorias de fornecedores, controles de entrada de mercadorias e reclamações contra o fornecedor.

Libertação do fornecedor: Em alguns sectores industriais, os fornecedores devem ter um sistema de gestão da qualidade na sua empresa. Esse sistema pode, por exemplo, ter de estar em conformidade com a série de normas ISO 9000. Esses fornecedores devem ter esse sistema certificado por uma organização acreditada. A aplicação SAP ERP verifica se o sistema de gestão da qualidade utilizado pelo fornecedor é adequado para determinados materiais e, em seguida, libera ou bloqueia a relação de fornecimento em conformidade. É possível limitar a liberação dessa relação de fornecimento a um período de tempo específico e a uma quantidade máxima de fornecimento. Se o fornecedor tiver problemas graves de qualidade, é possível bloquear pedidos de cotação, pedidos ou entradas de mercadorias para materiais específicos fornecidos por esse fornecedor. O QM com SAP ERP também monitora a liberação passo a passo de um material. Os fornecimentos do fornecedor devem passar sequencialmente por uma série de status definidos pelo cliente, como modelo, série preliminar e série de produção, utilizando planos de controle atribuídos adequadamente. Em muitos setores industriais, os fornecedores são intermediários (distribuidores), o que significa que a qualidade das mercadorias produzidas é ditada principalmente pelo fabricante e não pelo fornecedor.

Conseqüentemente, é possível aplicar as seguintes funções a um fabricante: liberação de fornecedor, planejamento de controle, controle dinâmico da extensão do controle e reclamações contra o fornecedor.

Modificação dinâmica: Se a qualidade de uma relação de fornecimento for consistentemente alta, o usuário pode querer dispensar o controle de entrada de mercadorias, especialmente se o fornecedor tiver um sistema QM certificado. Para lotes parciais, é possível definir o software para inspecionar uma entrada de mercadorias apenas uma vez para cada compra

ordem, entrada de mercadorias ou lote. Se o usuário não quiser renunciar totalmente ao controle de entrada de mercadorias, pode reduzir a extensão do controle até onde o nível de qualidade permitir. A redução da extensão do controle pode levar a um lote de isenção de controle. Se o usuário permitir um lote isento de controle e uma decisão de utilização automática para um material, o software processa os lotes isentos de controle sem intervenção. Em seguida, o software lança imediatamente a quantidade do lote de controle no estoque de utilização livre (envio para estoque).

Controlo de receção: Se os pré-requisitos para a expedição para o estoque não forem cumpridos, o SAP ERP aciona automaticamente o processamento do lote de controle na entrada de mercadorias. Além do documento de entrada de mercadorias, a aplicação também cria um registo de lote de controlo, selecciona um plano de controlo adequado e determina o tamanho da amostra com base no nível de qualidade.

Retirada de amostras físicas: Se as mercadorias forem fornecidas em contentores, é possível retirar amostras de acordo com um procedimento de retirada de amostra. Os documentos necessários (como instruções para retirada de amostra, etiquetas de amostra e instruções de controle) estão disponíveis para impressão imediata. O usuário pode então prosseguir com o controle.

Entrada de resultados de controle e defeitos: É possível registrar os resultados do controle de entrada de mercadorias na forma de valores de características de controle e registros de dados de defeitos ou textos. Se surgirem problemas graves durante um controle de entrada de mercadorias, uma nota QM pode ser criada automaticamente. Os resultados do controle também podem ser registrados automaticamente através de equipamentos de medição eletrônicos.

Custos de avaliação: Os custos estão associados a cada inspeção e defeito. Os custos de controle são determinados através das confirmações de atividade das pessoas envolvidas em um controle. É possível alocar os custos calculados com base nessas confirmações para um ou mais lotes de controle em várias ordens QM e, em seguida, transferi-los para o objeto de custo. Os custos associados a defeitos são liquidados através de notas QM.

Conclusão do controlo: O processamento de um lote de controle em QM com SAP ERP termina após a conclusão do controle e a decisão de utilização. A quantidade de lote de controle aceita é lançada manual ou automaticamente no estoque de utilização livre. Os lançamentos em estoque especiais estão disponíveis para quantidades rejeitadas, incluindo lançamento em estoque bloqueado, transferência para um material diferente, devolução ao fornecedor ou lançamento em refugo. Se o material estiver sujeito a lotes, o software propõe um status de lote compatível com a decisão de utilização.

4. Produção:

1. MRP: Quando o usuário controla matérias-primas ou produtos semi-acabados, a duração planejada do

controle de recebimento é considerada no MRP.

2. Inspeção durante a produção: O QM com SAP ERP integra as inspecções de qualidade no processo de produção. Suporta diferentes tipos de produção, desde a produção por encomenda, baseada em lotes e o processo de montagem na engenharia mecânica, passando pelo fabrico repetitivo na indústria automóvel, até ao fabrico por processo baseado em lotes nas indústrias química, farmacêutica e alimentar e de bebidas. É possível iniciar os controlos com base em diferentes tipos de movimentos de mercadorias. Os lotes de controle podem ser criados automaticamente quando um componente de material é removido ou quando um produto para a ordem de produção ou de processo é processado na entrada de mercadorias.

Os lotes de controle para um controle durante a produção podem ser criados das seguintes maneiras

- Como um lote de controlo durante a produção, quando uma ordem de produção é libertada. Isto não é relevante para as existências.

- Como um lote de controle antecipado na entrada de mercadorias. Isso é relevante para o estoque; em outras palavras, o estoque no controle de qualidade é administrado através da decisão de utilização do lote de controle.

- Quando as mercadorias são recebidas de um subcontratante para operações de processamento externo. Isso pode ser relevante para o estoque, dependendo das configurações do software.

3. Retirada de amostra física: O tamanho da amostra é calculado e a documentação da ordem (como retirada de amostra, instruções de controle e etiquetas de amostra) é impressa em centros de trabalho previamente determinados, após a seleção do roteiro válido ou da receita mestre.

4. Assinatura digital: É possível definir o software para exigir uma assinatura digital (assinatura eletrónica) do empregado que liberta a retirada de amostras físicas, regista os resultados ou toma a decisão de utilização, para garantir que esse empregado específico tem a autorização adequada.

Resultados do controlo e registo de defeitos Os resultados do controlo podem ser registados para os seguintes objectos:

- Características de controlo: Os resultados podem ser registados de forma resumida, em classes ou como valores individuais. Os resultados podem ser registados de forma resumida, em classes ou como valores individuais.

- Pontos de controlo: São efectuados vários controlos para cada caraterística de controlo. Os pontos de controlo podem ser definidos pelo utilizador e, se necessário, podem ser planeados antecipadamente. Podem estar relacionados com quantidades ou tempos de produção (por exemplo, inspeção de um cesto de arame ou de um silo uma vez em cada turno ou de duas em duas horas).

- Amostras físicas: Estas podem ser planeadas antecipadamente através de um procedimento de recolha de amostras, ou podem não ser planeadas.

- Lotes parciais: As quantidades de produção da mesma qualidade podem ser agrupadas.

- Lotes: Os resultados do controlo podem ser utilizados para a determinação de lotes numa fase posterior; por exemplo, podem ser aplicados na escolha de produtos na fase de entrega ou na decisão dos subcomponentes a utilizar na produção.

- Números de série: Isto aplica-se se os resultados do controlo tiverem de ser atribuídos a uma única unidade. Neste caso, os números de série podem ser copiados da ordem de produção.

O sucesso do projeto é geralmente avaliado em termos de tempo, custo, qualidade e âmbito. O projeto de implementação do ERP não tem impacto nos benefícios do ERP, enquanto a qualidade e o âmbito do sistema ERP têm um impacto significativo. Isto não significa que o progresso do projeto não seja importante para a empresa. Significa, isso sim, que o progresso não deve prejudicar a qualidade do **projeto, porque a "qualidade" é um dos principais indicadores dos benefícios do ERP.**

A questão é: "O que é que devemos fazer para garantir o êxito da implementação do ERP?" Para atingir o objetivo

Sucesso do projeto ERP, tal como descrito abaixo:

1) Para maximizar os benefícios do ERP, a empresa deve concentrar-se mais na qualidade e no âmbito do sistema ERP, de acordo com as necessidades da empresa. Para o efeito, são obrigatórias funções bem definidas e o software adequado, à semelhança do aumento da utilidade do sistema.

2) Deve ser planeado um calendário e um orçamento mais realistas para minimizar os efeitos negativos na qualidade do sistema. Este método pode satisfazer a empresa tanto em termos de progresso como de qualidade do projeto ERP.

3) A escolha de parceiros de consultoria fortes é necessária para o sucesso do projeto ERP. Eles podem conduzir a empresa na direção certa para que a implementação do ERP seja bem sucedida, tanto cm termos de progresso como de qualidade.

4) O apoio interno é o principal fator determinante do progresso do projeto ERP. Para concluir o projeto a tempo e dentro do orçamento inicialmente previsto, é necessário o apoio da gestão de topo, a formação e um bom planeamento do projeto durante a implementação do ERP.

CAPÍTULO 5

Resultados da investigação

5.1 PREÂMBULO

O principal objetivo deste capítulo é apresentar os resultados da investigação sobre o impacto da aplicação do ERP no desempenho da produção (MP) nas indústrias transformadoras. Os resultados baseiam-se no feedback de um questionário distribuído nas indústrias e nas entrevistas realizadas em algumas das indústrias com os funcionários envolvidos no ERP.

Quadro 5.1- Lista das indústrias inquiridas

S.No.	Industry's Name	Code	ERP Software used	Consultant's Name	Amount Spent
1.	Anand Nishikawa Pvt. Ltd., Lalru	C1	SAP	JKT	2 Cr.
2.	Godrej & Boyce Ltd., Mumbai	C2	BAAN	------------	5 Cr.
3.	Trident Industries Ltd., Ludhiana	C3	SAP	SATYAM	10-12 Cr.
4.	Eastman Industries Ltd., Ludhiana	C4	RAMCO 3X	COSMIC	40 Lacs
5.	G.S. Internationals Ltd., Ludhiana	C5	Self Made ERP	------------	------------
6.	Tata Motors Ltd., Jamshedpur	C6	SAP	IBM	------------
7.	Spray Engg. Devices Ltd., Baddi	C7	BAAN	GITL	1 Cr.
8.	NTPC, Noida	C8	SAP	------------	150 Cr.
9.	Escorts Tractors Ltd., Faridabad	C9	ORACLE	------------	------------
10.	Nestle India Ltd., Moga	C10	SAP	------------	5-6 Cr.
11.	Central Tool Room, Ludhiana	C11	SAP	SATYAM	10 Cr.
12.	Everest Electromagnet Ltd., Pune	C12	THROUGHPUT	------------	------------
13.	Eicher Tractors Ltd., Alwar	C13	ORACLE	------------	------------
14.	Trident Industries Ltd., Barnala	C14	SAP	SATYAM	10-12 Cr.
15.	Mahindra & Mahindra Ltd., Pune	C15	SAP	------------	------------

| 16. | Tata Motors Ltd., Jamshedpur | C16 | SAP | IBM | ---------- -- |

O questionário está basicamente dividido em quatro secções. A Parte A é constituída por 5 perguntas para recolher informações sobre a estrutura da organização, a Parte B recolhe informações sobre a implementação do ERP e é constituída por 16 perguntas, a Parte C é constituída por 8 perguntas sobre o Fator Crítico de Sucesso (FSC) e a Parte D é constituída por 5 perguntas sobre questões de qualidade.

5.2   RESULTADOS DA INVESTIGAÇÃO DA PARTE -A Estrutura organizacional

A resposta 1 revela que 100% da principal área/região de atividade é na Índia.

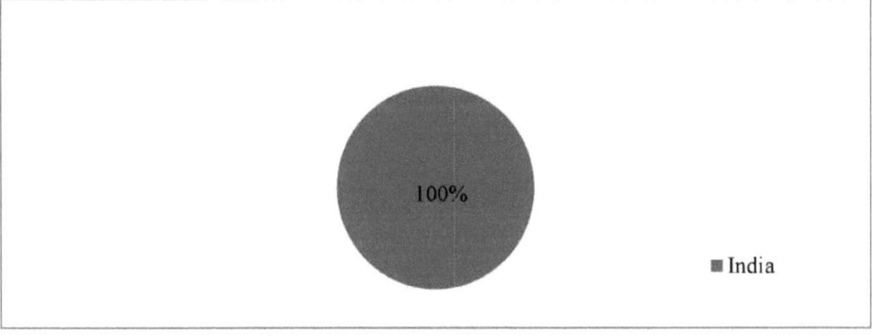

Figura 5.1- Principal área/região de atividade

Resposta 2 A maioria das indústrias Proprietárias num sector privado 75% e 25% num sector público.

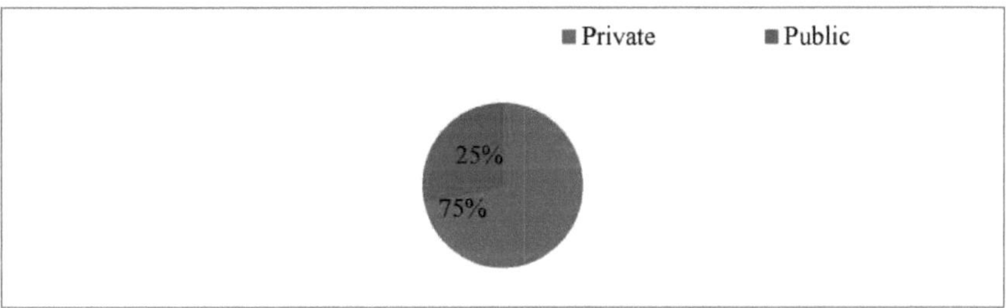

Figura 5.2- Organização Proprietária

Resposta 3 A maioria das organizações pertence ao sector automóvel (55%), à indústria transformadora (35%) e ao sector farmacêutico (10%).

Tabela 5.2 - Sector industrial a que pertence

S.No.	Industrial Sectors	Percentage
1.	Automobile	55%
2.	Manufacturing	35%

3.	Pharmaceutical	10%
4.	Infrastructure	None
5.	Food and beverages	None

Resposta 4 Tamanho da organização: 64% de grande porte, 25% de médio porte e 11% de pequeno porte

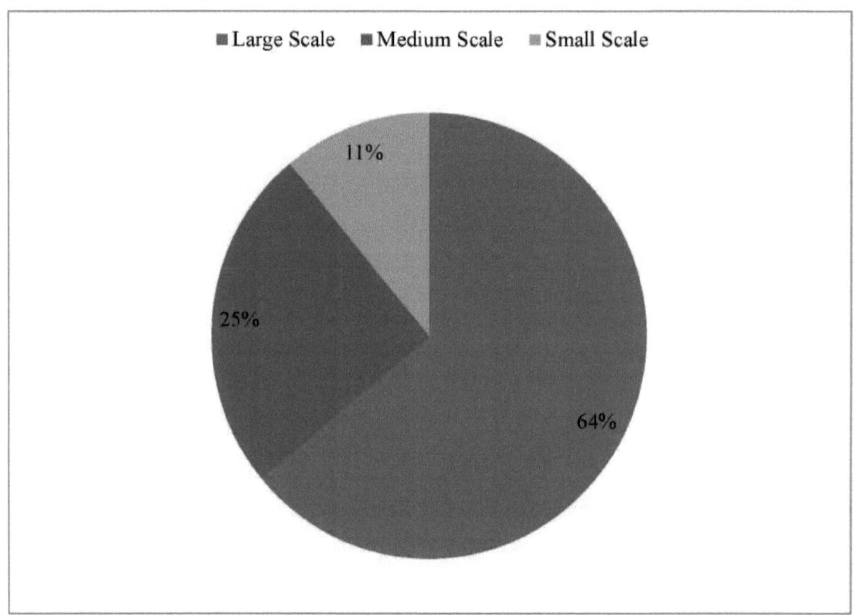

Figura 5.3 - Tamanho da organização

Resposta 5 Sim, todas as organizações querem implementar o ERP.

Tabela 5.3- Implementação do ERP na Organização

S.No.	Organization Wants to Implement ERP	Percentage
1.	Yes	100%
2.	No	NONE

5. 3RESULTADOS DA INVESTIGAÇÃO SOBRE A APLICAÇÃO DA PARTE -B DO PIR

Resposta 6 Os principais factores económicos subjacentes à implementação do ERP são a ultrapassagem do orçamento 28% e outros 72%

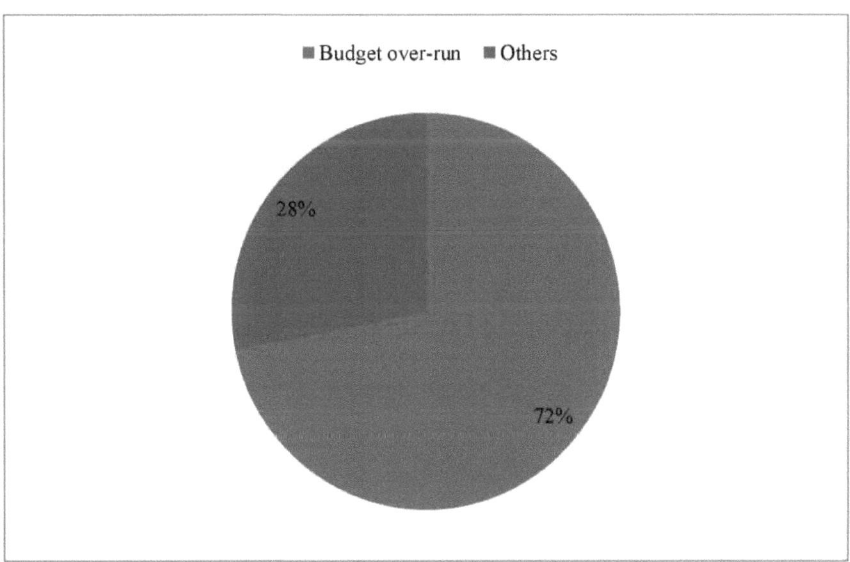

Figure 5.4- Principais factores económicos subjacentes à implementação do ERP

Resposta 7 A maioria das indústrias (64,7%) implementou o ERP com o objetivo de atingir metas ou de ser competitiva no mercado, enquanto apenas 17,6% das indústrias têm o objetivo de satisfazer as necessidades dos clientes e 5,9% das empresas pretendem obter mais lucros através do ERP ou de prosseguir.

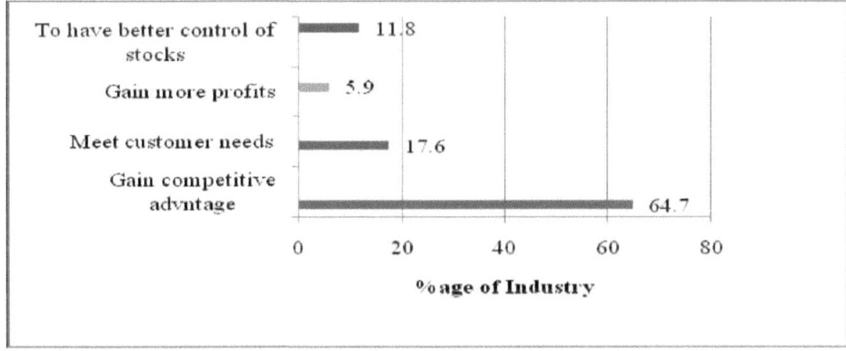

Figure 5.5- Objetivo da implementação do ERP

A resposta 8 revela que a implementação do ERP se manteve eficaz na maioria (88%) das indústrias e parcialmente eficaz em algumas (12%) indústrias. Não houve nenhum fracasso total da implementação do ERP em nenhuma indústria.

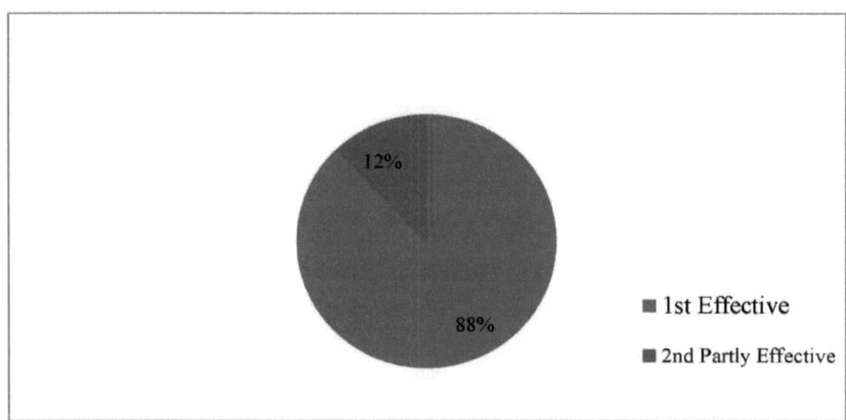

Figura 5.6-Estado do ERP após a sua implementação

A resposta 9 sobre o software ERP destaca os seguintes pontos: a) O SAP como pacote de software para a implementação do ERP foi utilizado por 58,8% das indústrias.

b) Os pacotes de software ORACLE e BAAN foram utilizados por 11,8% das indústrias, cada um. 17,6% das indústrias utilizaram algum outro software.

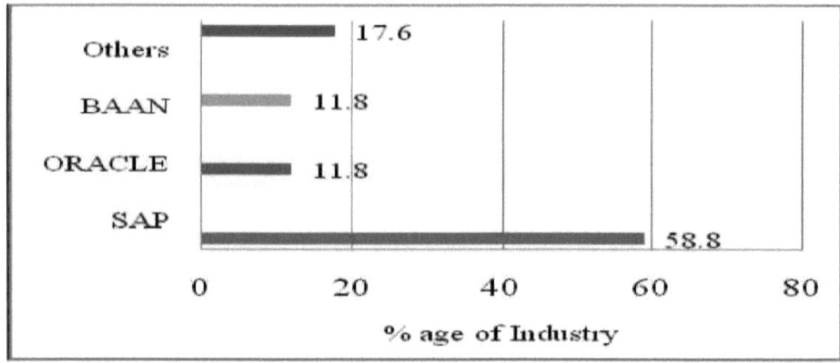

Figura 5.7 Software/Pacote ERP utilizado pelos sectores

Resposta 10 Foram observados cerca de 76% a 100% de resultados após a implementação do ERP.

A resposta 11 explica que 53% das indústrias enfrentaram dificuldades durante a fase de implementação. 23,5%, 17,6% e 5,9% das indústrias encontraram dificuldades nas fases de transição, planeamento e conceção, respetivamente. Assim, as fases de implementação e de transição são as fases mais importantes da implantação do ERP e devem ser implementadas com todo o empenho.

Table 5.4   - Fase mais difícil do sistema ERP

S.No.	Difficult Phase of ERP	%age of Industries
1.	Planning	17.6%

2.	Design	5.9%
3.	Transition	23.5%
4.	Implementation	53%

A resposta 12 revela que o tempo despendido na implementação do ERP em unidades do sector público como a NTPC é mais longo e a duração é de 3 a 5 anos, 1 a 2 anos em indústrias de grande dimensão, menos de um ano em indústrias de média dimensão e cerca de 6 meses em indústrias de pequena dimensão. Um centro de formação (C.T.R Ludhiana) implementou o ERP num ano.

Resposta recebida das indústrias

Industry	Phases of ERP	Time Spent
P.S.U. NTPC	Planning	24 months
	Design	12 months
	Transition	6 months
	Implementation	30 months
Large Scale Industries Godrej & Boyce Ltd. Mumbai, Tata Motors Ltd. Jamshedpur, Escorts Tractors Ltd. Faridabad, Eicher Tractors Ltd. Alwar, M & M Ltd. Mohali, Tata Motors Ltd. Pune, , M & M Ltd. Pune.	Planning	5-6 months
	Design	5-6 months
	Transition	5-6 months
	Implementation	5-6 months
Medium Scale Industries Anand Nishikawa Pvt. Ltd. Lalru, Trident Industries Ltd. Ludhiana, Spray Engg. Devices Ltd. Baddi, Nestle India Ltd. Moga, Trident Industries, Barnala and Everest Electromagnet Ltd. Pune.	Planning	4.8 months
	Design	2.7 months
	Transition	1 months
	Implementation	2 months
Small Scale Industries Eastman Industries Ltd. Ludhiana, G.S. International Ltd. Ludhiana	Planning	2 months
	Design	1 month
	Transition	1 month

	Implementation	1.5 months

Table 5.6:   Resposta recebida do CTR, Ludhiana

Name of the Industry	Phases of ERP	Time Spent on different phases
CTR, Ludhiana	Planning	6 months
	Design	3 months
	Transition	2 months
	Implementation	2 months

A resposta 13 indica que todas as indústrias obtiveram melhorias nas suas actividades comerciais com a implementação do ERP.

A resposta 14 revela que 41,2% das empresas atingiram 80%-100%, 35,3% das empresas atingiram 61-80%, 17,6% das indústrias atingiram 40%-60% e 5,9% das indústrias atingiram 0-20% da melhoria esperada no seu processo de produção ou de negócio, respetivamente.

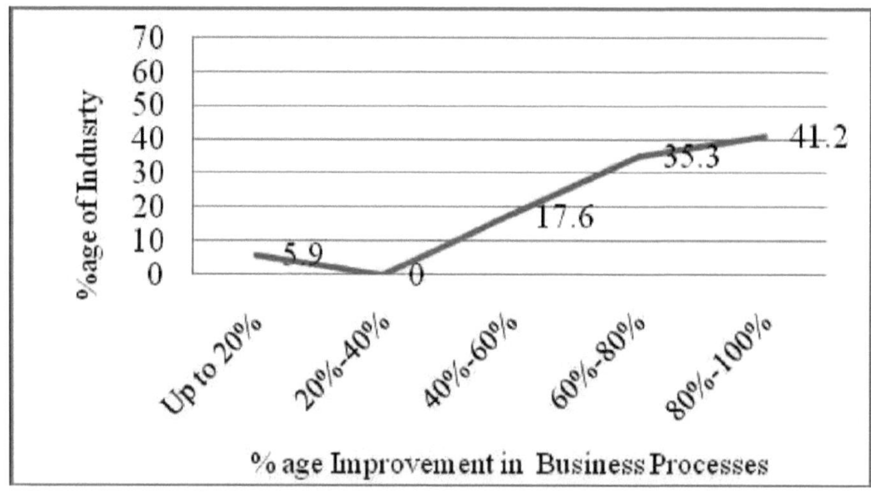

Figura 5.8 - Melhorias percentuais nos processos empresariais

A resposta 15 revela que os Utilizadores Finais respondem após a implementação do ERP ser Cooperativa.

A resposta 16 indica que apenas 20% das indústrias sofreram uma pequena interrupção (10 a 20%) na implementação do ERP. As restantes indústrias não sofreram qualquer interrupção na implementação do ERP.

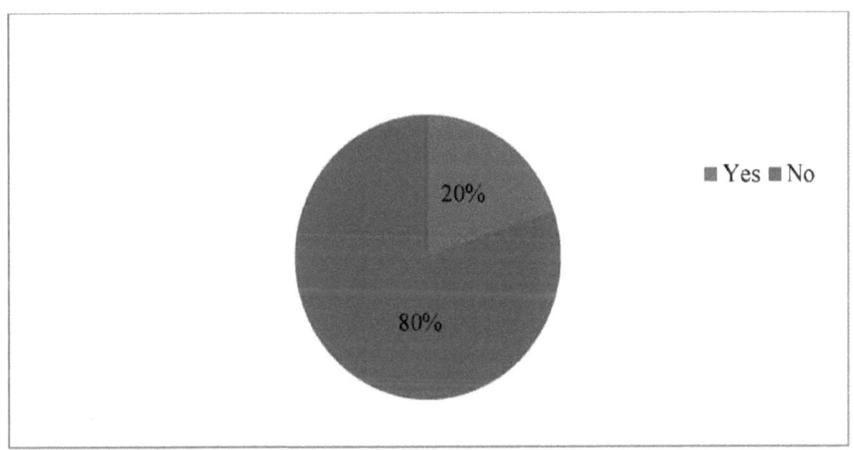

Figure 5.9-   Interrupção no ERP

A resposta 17 indica que a razão citada para a interrupção da implementação do ERP são os conflitos entre trabalhadores.

A resposta 18 sublinha que 92% das indústrias contrataram consultores para a implementação do ERP e 8% das indústrias conceberam os seus próprios sistemas ERP que melhor se adequavam aos seus processos empresariais.

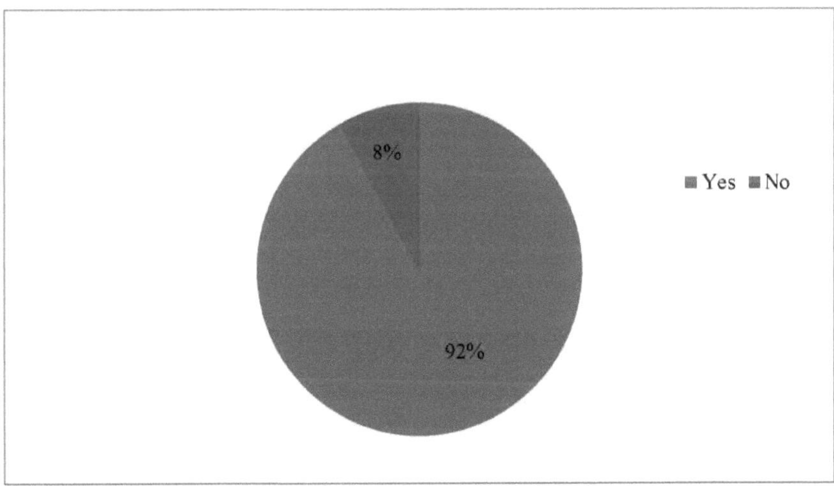

Figure 5.10-   Contratação de consultores

A resposta 19 revela que 94% das indústrias atribuíram um orçamento fixo e 6% das indústrias não atribuíram um orçamento fixo para a implementação do ERP.

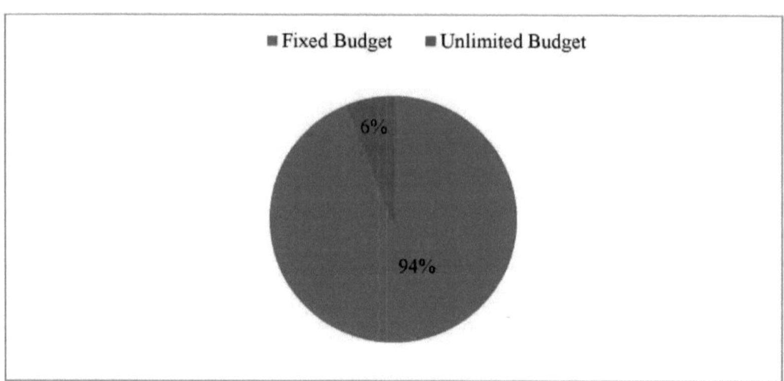

Figure 5.11-   Natureza do orçamento do ERP

A resposta 20 revela que o montante gasto na implementação do ERP depende da escala ou dimensão da indústria.

A resposta 21 revela que 94% das indústrias obtiveram o apoio total da direção desde o início até à última fase de implementação do ERP e apenas 6% das indústrias perderam o apoio da direção entre o projeto de implementação do ERP.

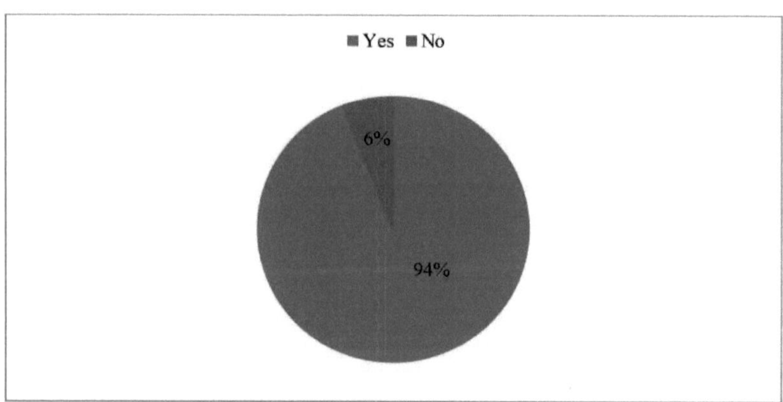

Figura 5.12- Apoio da Direção durante o ERP

5.3 RESULTADOS DA INVESTIGAÇÃO SOBRE O FACTOR CRÍTICO DE SUCESSO DA PARTE -C

A resposta 22 revela que os factores críticos de sucesso organizacionais de uma implementação de ERP são

Table 5.7   Factores críticos de sucesso de uma implementação ERP

Critical Success Factors	Percentage %
1.Redesigning business processes	25%
2.Organizational commitment to change	15 %

3.Adequate mix of internal and external human resources	15%
4.Avoiding technical bottlenecks	10%
5.Assigning role/responsibilities for functional areas	10%
6.Clearly stating project timeline	10%
7.Clearly stating scope of project	15%

A resposta 23 indica que os factores críticos de sucesso funcionais de uma implementação ERP são a adequação entre o software e o objetivo empresarial, o alinhamento dos objectivos do projeto com o objetivo empresarial estratégico, a formação e a requalificação, as comunicações eficazes e a justificação das expectativas e dos objectivos do projeto.

Table 5.8   Factores críticos de sucesso funcionais de uma implementação ERP

Functional Critical Success Factors	Percentage %
1. Fit between software and business processes	15%
2. Aligning project objectives and strategic business goal	15%
3. Training and re skilling	25%
4. Effective communication	20%
5. Justifying project expectation and objectives	25%

A resposta 24 revela que cerca de 60-80% dos objectivos, tais como a integração/integração dos processos empresariais, a partilha de informações, a melhoria da produtividade, etc., foram alcançados com a implementação do ERP.

A resposta 25 indica que, no Fator Crítico de Sucesso (FSC), se 80% dos objectivos forem alcançados, o FSC1- Apoio à Gestão 15%, o FSC2-Gestão de Projetos 20%, o FSC3- Dados/Infraestrutura 15%, o FSC-Utilizadores 10%, o FSC5-Apoio do Fornecedor 10%.

Table 5.9   Fator crítico de sucesso (FSC) se 80% dos objectivos forem alcançados

Critical Success Factor (CSF)	Percentage %
CSF1-Management Support	15%
CSF2-Project Management	20%
CSF3-Data/Infrastructure	15%
CSF4-Users	10%
CSF5-Vendor's Support	10%

A resposta 26 revela que cerca de 60-80% das funcionalidades estão a ser utilizadas. Funcionalidades do sistema como a racionalização das operações, a integração de funções, a gestão de recursos, o intercâmbio de informações, etc.

A resposta 27 indica que a gestão apoia 17%, a gestão de projectos 23%, os dados/infra-estruturas 12%, os utilizadores 8% e os fornecedores 10% se a funcionalidade for 80%.

Table 5.9   Fator crítico de sucesso (FSC) se 80% da funcionalidade for alcançada

Critical Success Factor (CSF)	Percentage %
CSF1-Management Support	17%
CSF2-Project Management	23%
CSF3-Data/Infrastructure	12%
CSF4-Users	8%
CSF5-Vendor's Supporta	10%

A resposta 28 mostra que a satisfação dos trabalhadores com a implementação do ERP é 32,4% excelente, 52,3% boa e 15,3% razoável.

Tabela 5.8- Nível de Satisfação dos Colaboradores com o ERP

S.No.	Level of Satisfaction of Employees	%age of Industry
a)	Excellent	32.4% of Industries Satisfaction
b)	Good	52.3% of Industries Satisfaction
c)	Fair	15.3% of Industries Satisfaction
d)	Poor	None

A resposta 29 mostra que 32,4%, 52,3% e 15,3% dos executivos têm um nível de satisfação excelente, bom e razoável após a utilização de sistemas ERP, respetivamente.

Tabela 5.9- Nível de Satisfação dos Executivos com o ERP

S.No.	Level of Satisfaction of Executives	%age of Industry
a	Excellent	35.3%
b	Good	47%
c	Fair	17.7%

5.4 RESULTADOS DA INVESTIGAÇÃO SOBRE QUESTÕES DE QUALIDADE DA PARTE -B

A resposta 30 revela que 78% da comunicação entre a direção e os trabalhadores melhorou após a implementação do ERP.

Figura 5.12- Qualidade da comunicação entre a direção e os trabalhadores

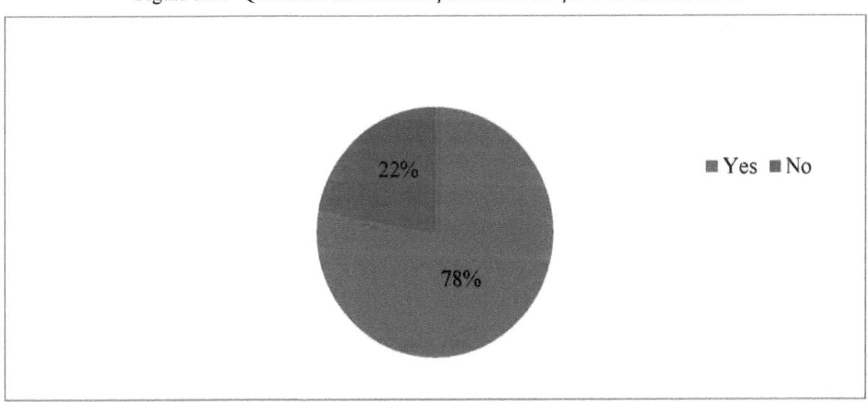

A resposta 31 revela que 76-100% da qualidade entre a direção e os empregados foi melhorada após a implementação do ERP.

A resposta 32 explora o facto de os resultados após a implementação do ERP serem eficazes.

A resposta 33 revela que 82% de melhoria nos custos e na produção após a implementação do ERP

Figura 5.13 - Melhoria dos custos e da produção após o ERP

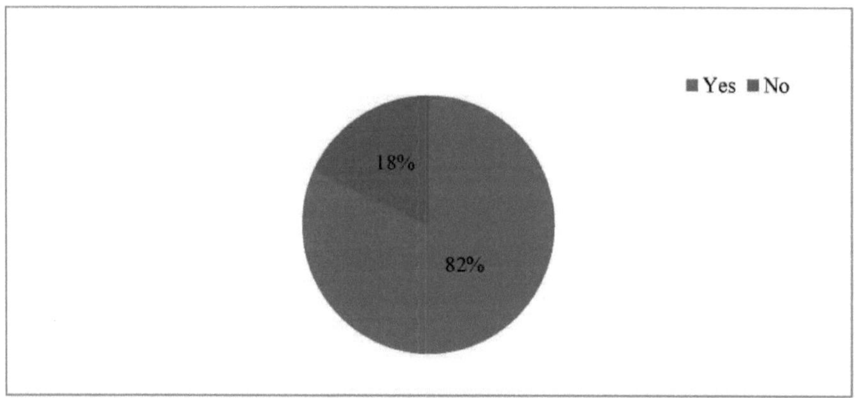

A resposta 34 revela que cerca de 61-80% do nível de produção aumentou após a implementação do ERP.

Conclusão

Esta investigação identifica que o ERP não é apenas um espetáculo, mas é também a forma mais fácil de **aumentar a produtividade e melhorar a qualidade. Os CSF's e as questões de qualidade são os factores** mais **importantes para uma implementação bem sucedida do ERP. Os CSF's para uma** implementação bem sucedida do ERP são: Compreensão clara dos objectivos estratégicos, Compromisso da gestão de topo, Gestão da mudança organizacional, Excelente gestão de projectos, Uma grande equipa de implementação, Exatidão dos dados, Educação e formação extensivas, Medidas de desempenho focalizadas, Questões multi-site. A implementação do ERP melhora o **desempenho da empresa,** elimina processos manuais ineficientes, fornece ferramentas e processos integrados e comuns a toda a empresa reduz os custos ao melhorar a eficiência da empresa através da informatização inclui melhorias na logística, programação da produção, serviço ao cliente e capacidade de resposta ao cliente fornece visibilidade dos dados a nível da empresa, relatórios e apoio à decisão contém a capacidade de gerir a empresa alargada de fornecedores, alianças e clientes como um todo integrado. O inquérito mostra que a maioria das empresas utilizou o ERP para aumentar a produtividade e melhorar a sua qualidade. A qualidade conclui: A comunicação entre os vários departamentos, a melhoria da mão de obra (obtenção de mão de obra de melhor qualidade) e a qualidade dos produtos melhoram após a implementação do ERP.

REFERÊNCIAS

1. Abdelghaffar Han et.al.," *Significant factors influencing erp implementation in large organizations: evidence from egypt "p* European, Mediterranean & Middle Eastern Cnferenceon Information Systems 2010.

2. Aiken Peter et. al.," *Assegurar a qualidade dos dados para a implementação do ERP: Part 2-Comprehending The Evolving Picture ",* **http://datablueprint.com - info@datablueprint.com -** +1.804.521.4056 © 2006 & previous years by Data Blueprint.

3. Ansarinejad Ayyub **et. al.,"** *Evaluating The Critical Success Factors In ERP Implementation Using Fuzzy AHP Approach",* International Journal *Of* Academic Research Vol. 3. No. 1. janeiro, 2011, Parte I.

4. A. Mabert Vincent et. al.," *Enterprise resource planning: Managing the implementation process"*, European Journal of Operational Research 146 (2003) 302-314.

5. An-ru Fang **et. al.,"** *The Process of ERP Usage in Manufacturing Firms in China:An Empirical Investigation"*, 2009 International Conference on Management Science & Engineering (16th) September 14-16, 2009.

6. Bhatti T.R *"Critical Success Factors For The Implementation Of Enterprise Resource Planning (Erp): Empirical Validation"*, The Second International Conference on Innovation **in Information Technology (IIT'05).**

7. Botta-Genoulaz.V et.al., *"A survey on the recent research literature on ERP systems"* Computers in Industry 56 (2005) 510-522.

8. Boersm Kees a et. al.," *From means to ends: The transformation of ERP in a manufacturing company"*, Journal of Strategic Information Systems 14 (2005) 197-219.

9. **C. Jones Mary et. al.,"** *Exploring knowledge sharing in ERP implementation: an organizational culture framework"*, Decision Support Systems 41 (2006) 411 - 434.

10. Chou Shih-Wei et. al.," *The implementation factors that influence the ERP (enterprise resource planning) benefits"*, Decision Support Systems 46 (2008) 149-157.

11. **C. Ehi Ike & Mogens Madsen,** *"Identifying critical issues in enterprise resource planning (ERP) implementation"* **Computers in Industry 56 (2005) 545-557.**

12. **Dezdar Shahin et. al.,"** *Influence of Tactical Factors on ERP Projects Success"*, 3rd International Conference on Advanced Management Science IPEDR vol.19 (2011) © (2011) IACSIT Press, Singapore.

13. **Esteves José Manuel et. al.,"** *Understanding The ERP Project Champion Role And Its Criticality"*, **ECIS 2002 6-8 de junho, Gdansk, Polónia.**

14. Finney **Sherry et. al,"** *ERP implementation: a compilation and analysis of critical success factors'*, A edição atual e o arquivo do texto integral desta revista estão disponíveis em www.emeraldinsight.com/1463-7154.htm.

15. Gyampah **Kwasi Amoako,"** *Perceived usefulness, user involvement and behavioral intention: an empirical study of ERP implementation"*, Computers in Human Behavior 23 (2007) 1232- 1248.

16. **Hakim Amin et. al.,"** *A practical model on controlling the ERP implementation risks "*, Information Systems 35 (2010) 204-214.

17. Ifinedo Princely **et. al.,"** Relationships among ERP post-implementation success constructs: An analysis at the organizational level", Computers in Human Behavior 26 (2010) 11361148.

18. Jacobs **Robert et. al.,"** *Enterprise Resource Planning: Developments and Directions for Operations Management Research"*, *publicado no European Journal of Operational Research 146(2), 2003.*

19. Kumar Pramod & Dr. M.P.Thapliyal," *Successful implementation of ERP in Large organization"*. Revista Internacional de Engenharia, Ciência e Tecnologia Vol. 2(7), 2010, 3218-3224.

20. **Kumar.** M.N.Vijaya et.al.," *Analyzing the Quality Issues in ERP Implementation "*, Segunda Conferência Internacional sobre Tendências Emergentes em Engenharia e Tecnologia, ICETET-09.

21. Ke Weiling **et. al.,"** *Organizational culture and leadership in ERP implementation"*, Decision Support

Systems 45 (2008) 208-218

22. Liu Pang-Lo **et. al.,"** *Empirical study on influence of critical success factors on ERP knowledge management on management performance in high-tech industries in Taiwan",* Expert Systems with Applications 38 (2011) 10696-10704.

23. Mashari. Al et.al.,**" Enterprise resource** *plaunipg: A tcEunorny of critical factors",* European Journal of Operational Research 146 (2003) 352-364.

24. **Madapusi Arun et. al.," ERP Information Quality And Information Presentation Effects On** *Decision Making",* University of North Texas, Denton, Texas 76203.

25. **Mohammad A. Rashid et. al.," The** *Evolution of ERP Systems: A Historical Perspective",* Massey University-Albany, Nova Zelândia Copyright © 2002, Idea Group Publishing.

26. Mudimigh A Al **et. al.,"** *ERP software implementation: aE* **zzztegratzve** *framework",* European Journal of Information Systems (2001) 10, 216-226.

27. Nah Fiona Fui-Hoon **et.al,"** *Critical factors for successful implementation of enterprise Systems",* University of Nebraska-Lincoln, Lincoln, Nebraska, USA .Business Process Management Journal, Vol. 7 No. 3, 2001, pp. 285-296. # MCB University Press, 14637154.

28. **Ngai E.W.T, Law C.C.H, Wat, F.K.T.,(2008) "***Examining the critical success factors in the adoption of enterprise resource planning"* **Computers in Industry 59 ,548-564.**

29. **O'Donnell Ed et. al.,"** *How information systems influence user decisions: a research framework and literature review",* International Journal of Accounting Information Systems (2000) 178±203.

30. Plaza Malgorzata **et. al.,"** *Learning and performance in ERP implementation projects: Um modelo de curva de aprendizagem para analisar e gerir os custos de consultoria",* Int. J. Production Economics 115 (2008) 72- 85.

31. Plant Robert **et. al.,"** *Critical Success Factors In International ERP Implementations: A Case Research Approach",* University of Miami Coral Gables, FL 33124 Journal of Computer Information Systems Spring 2007.

32. **S. A.** Alwabel **et. al.,"The** *Evolution of ERP and its Relationship with E-business",* Documento de Trabalho n.º 05/19 *de junho de 2005.*

33. Sammonet David **et. al.,"** *Project preparedness and the emergence of implementation problems* ZH *projects "*Business Information Systems, University College Cork, Irlanda Information & Management 47 (2010) 1-8.

34. **Sheu Chwen et. al.,"** *National differences and ERP implementation: issues and challenges",* Omega 32 (2004) 361 - 371.

35. **Umble. J et.al.,"** *Enterprise resource planning: Procedimentos de implementação e* **factores** *críticos de sucesso".* Jornal Europeu de Investigação Operacional 146 (2003)241-257.

36. **Wieder Bernhard et. al.," The impact** *of ERP systems on firm and business process performance",* Journal of Enterprise Information Management Vol. 19 No. 1, 2006 pp. 13-29. 13-29.

37. Wu Jen-Her et. al.," *Measuring ERP success: The key-users viewpoint of the ERP to produce a viable IS in the organization",* Computers in Human Behavior 23 (2007) 1582-1596.

38. Xu **Hongjiang et.al.**, *"Dat a quality issues in implementing an ERP"*, Industrial Management & Data Systems 102/1 [2002] 47±58

39. **Yaseen Saad Ghaleb et. al.,"** *Critical Factors Affecting Enterprise Resource Planning* **ZwjpZe/MeMtohow:** *ExplarStory Case St^dy"*, IJCSNS International Journal of Computer cience and Networkecurity, VOL.9 No.4, abril de 2009.

40. Yen1 Tan Shiang et.al.," *A framework for classifying misfits between enterprise resource planning (ERP) systems and business strategies"*, Asian Academy of Management Journal, Vol. 16, No. 2, 53-75, July 2011.

41. **Zhang Liang et.al.,"** *Critical Success Factors ofEnterprise Resource Planning Systems Implementation Success in China"*. Departamento de Sistemas de Informação, Universidade da Cidade de Hong Kong, Hong Kong, China.

I want morebooks!

Buy your books fast and straightforward online - at one of world's fastest growing online book stores! Environmentally sound due to Print-on-Demand technologies.

Buy your books online at
www.morebooks.shop

Compre os seus livros mais rápido e diretamente na internet, em uma das livrarias on-line com o maior crescimento no mundo! Produção que protege o meio ambiente através das tecnologias de impressão sob demanda.

Compre os seus livros on-line em
www.morebooks.shop

Printed by Books on Demand GmbH, Norderstedt / Germany